高等院校非土木类建筑制图教材

建筑工程制图

主 编 张 岩

副主编 靳同红 朱冬梅 杨正凯

中国建筑工业出版社

图书在版编目（CIP）数据

建筑工程制图/张岩主编．—北京：中国建筑工业出版社，2003
高等院校非土木类建筑制图教材
ISBN 7-112-05922-4

Ⅰ．建… Ⅱ．张… Ⅲ．建筑工程-建筑制图-高等学校-教材
Ⅳ．TU204

中国版本图书馆 CIP 数据核字（2003）第 055424 号

本教材是为适应新的教学大纲要求，并针对有关专业特点编写而成的。本书是建筑类管理、环境工程、暖通、给排水、热动、电信等专业的技术基础课教材之一，亦可作为建筑业管理人员的培训教材及自学者自学的参考书。本书是根据多年的教学实践并针对专业要求而编写的，在编写上力求理论联系实际，密切结合专业，图文结合，深入浅出，便于自学。

本书含习题集，与教材配合使用，其编排顺序与教材相同，选题力求加强基础理论并注意加强基本技能训练。为适应各相关专业的需要，数量上适当做了一些增加，以便各专业根据具体情况和教学需要进行取舍。

高等院校非土木类建筑制图教材

建 筑 工 程 制 图

主编　张　岩
副主编　靳同红　朱冬梅　杨正凯

*

中国建筑工业出版社出版（北京西郊百万庄）
新华书店总店科技发行所发行
北京铁成印刷厂印刷

*

开本：787×1092 毫米　1/16　印张：29¾　字数：527 千字
2003 年 8 月第一版　2006 年 9 月第七次印刷
印数：16501—19500 册　定价：**42.00** 元（含习题集）
ISBN 7−112−05922−4
TU·5200（11561）

版权所有　翻印必究
如有印装质量问题，可寄本社退换
（邮政编码 100037）

本社网址：http://www.china-abp.com.cn
网上书店：http://www.china-building.com.cn

前 言

  建筑业是国民经济的主导产业之一，随着国民经济的飞速发展，建筑业对建筑工程从业人员提出了更高的要求。高等学校亦对原有专业进行了新的划分，特别是近几年，建筑类院校发展很快，数量和规模迅速扩大，增设并调整了某些专业的招生工作，科学合理地调整了课程结构、课时要求及教学内容。这一改革体现了建筑类院校专业教育的特色和水平，使课程建设工作更加符合社会发展的需要。由于课程设置的大幅度调整，我们使用的原有教材已不适合新的教学要求，为适应新的教学大纲的要求，针对有关的专业特点，我们编写了《建筑工程制图》教材。我们根据新的教学内容、课时数、新的制图规范等进行了编写，从而使教材适应新的教学要求。

  本书是建筑类管理、环境工程、暖通、给排水、热动、电信等专业的技术基础课教材之一，亦可作为建筑业管理人员的培训教材及自学者自学参考书。本书是我们根据多年来的教学实践并针对专业要求而编写的，在编写上力求理论联系实际，密切结合专业，图文结合，深入浅出，便于自学。

  本书由山东建筑工程学院张岩主编，靳同红、朱冬梅、杨正凯担任副主编。参加各章编写的有：张岩（绪论、第3、6章）；王前（第1章）；郭念峰（第2章）；杨正凯（第7章）；俞蓁（第4、8章）；俞蓁、金玉芬（第5章）；朱冬梅（第9、12章）；靳同红（第10、11章）。

  由于编者水平有限，编写时间仓促，书中难免存在缺点和不足之处，希望广大师生和读者批评指正。

目 录

绪论 ………………………………………………………………………………… 1
第一章 投影的基本知识 ………………………………………………………… 2
第一节 投影的方法及其分类 …………………………………………………… 2
第二节 投影的性质 ……………………………………………………………… 3
第三节 土建工程中常用的四种投影图 ………………………………………… 4
第四节 三面正投影图 …………………………………………………………… 6
第二章 点、直线和平面的投影 ………………………………………………… 8
第一节 点的投影 ………………………………………………………………… 8
第二节 直线的投影 ……………………………………………………………… 13
第三节 平面的投影 ……………………………………………………………… 21
第四节 直线和平面、平面和平面相交 ………………………………………… 27
第三章 基本形体的投影 ………………………………………………………… 31
第一节 平面体的投影 …………………………………………………………… 31
第二节 曲面体的投影 …………………………………………………………… 34
第三节 平面与形体表面相交 …………………………………………………… 39
第四节 直线与形体表面相交 …………………………………………………… 48
第五节 两形体表面相交 ………………………………………………………… 52
第四章 轴测投影 ………………………………………………………………… 60
第一节 基本概念 ………………………………………………………………… 60
第二节 正等轴测投影 …………………………………………………………… 61
第三节 斜轴测投影 ……………………………………………………………… 63
第四节 圆的轴测投影 …………………………………………………………… 65
第五章 制图的基本知识 ………………………………………………………… 69
第一节 制图工具、仪器和用品 ………………………………………………… 69
第二节 建筑工程制图标准 ……………………………………………………… 72
第三节 几何作图 ………………………………………………………………… 80
第六章 投影制图 ………………………………………………………………… 85
第一节 形体的表示方法 ………………………………………………………… 85
第二节 组合体三面投影图的画法 ……………………………………………… 88
第三节 组合体的尺寸标注 ……………………………………………………… 91
第四节 组合体投影图的识读 …………………………………………………… 93

第五节　剖面图和断面图 ·················· 98
第七章　建筑施工图 ························ 104
　　第一节　概述 ·························· 104
　　第二节　施工总说明及建筑总平面图 ············ 107
　　第三节　建筑平面图 ······················ 111
　　第四节　建筑立面图 ······················ 119
　　第五节　建筑剖面图 ······················ 124
　　第六节　建筑详图 ······················· 127
　　第七节　绘制建筑施工图的步骤 ··············· 137
第八章　结构施工图 ························ 142
　　第一节　概述 ·························· 142
　　第二节　基础图 ························ 145
　　第三节　结构平面图 ······················ 150
　　第四节　钢筋混凝土构件详图 ················ 152
　　第五节　楼梯结构详图 ···················· 157
第九章　建筑给水排水施工图 ··················· 160
　　第一节　概述 ·························· 160
　　第二节　室内管道平面图 ··················· 161
　　第三节　管道系统图 ······················ 165
　　第四节　室外管道平面图 ··················· 170
第十章　采暖通风施工图 ····················· 173
　　第一节　概述 ·························· 173
　　第二节　室内采暖工程施工图 ················ 173
　　第三节　通风施工图 ······················ 187
第十一章　建筑电气施工图 ···················· 195
　　第一节　概述 ·························· 195
　　第二节　室内电气照明施工图 ················ 198
第十二章　机械图的基本知识 ··················· 207
　　第一节　概述 ·························· 207
　　第二节　几种常用零件及其画法 ··············· 210

绪 论

一、本课程的性质和任务

1．性质

工程建设的施工离不开设计图纸，工程图纸是按一定的原理、规则和方法绘制的。它能正确地表达建筑物的形状、大小、材料组成、构造方式以及有关技术要求等内容，是表达设计意图、交流技术思想、研究设计方案、指导和组织施工及编制工程概预算、审核工程造价的重要依据。因此工程图纸被称为"工程技术界的语言"。

无论是设计人员、施工人员还是建筑业管理人员都必须掌握一定的图示投影原理及制图与识图的基本知识。这样将有助于施工的顺利进行并能提高施工质量和施工效率。

2．本课程任务

（1）学习正投影法的基本理论及其应用。

（2）培养和发展空间想象能力及空间分析能力。

（3）初步掌握制图的基本知识与基本技能以及有关标准与规定。

（4）了解专业图纸的基本内容，培养绘制与识读工程图纸的能力。

二、学习方法和要求

1．在学习投影的基本原理时，要注意其系统性和连续性。从一开始，就要重视对每一个基本概念、投影规律和基本作图方法的理解和掌握，只有学懂前面的知识，后面的知识学习起来才能顺利。

2．在学习时，要注意进行空间分析。要弄清把空间关系转化为平面图形的投影规律以及在平面上作图的方法和步骤。在听课和自学时，要边听、边分析、边画图，以达到理解和掌握。

3．要认真细致地完成每一道习题和作业。做作业时，要注意画图与识图相结合，每一次根据物体画出投影图之后，随即把物体移开，从所画的图形想象出原来物体的形状。坚持这种做法，有利于空间想象力的提高。

4．制图是一门实践性较强的课程，通过学习，要了解建筑工程图的主要内容，熟悉现行国家制图标准。基本掌握绘图和读图的基本知识和技能。

5．建筑工程图纸是施工的主要依据，往往由于图纸上一条线的疏忽或一个数字的差错，而造成严重的返工浪费。所以，学习制图一开始就要养成认真负责、一丝不苟的工作和学习态度，对每一张制图作业，都必须按规定认真去完成。

第一章　投影的基本知识

第一节　投影的方法及其分类

如何用平面图形表达空间形体，是画法几何学的基本问题之一。

光线照射物体，在地面上会产生影子，当照射方式或距离改变时，影子的位置、形状也随之改变。从这些现象中我们认识到，光线、物体和影子之间存在一定的对应关系。这使我们有可能用某种平面图形来表达空间形体。

在画法几何学中，用投影的方法就能获得准确反映空间形体形状的平面图形。

所谓"投影的方法"，其内容如下：

设在空间有一个定平面 P 和光源 S，A 是形体上的一个点，则由 S 过 A 点的直线 L 与 P 平面交于点 a，我们就把 P 称为投影面，L 称为投射线，a 称为 A 点在 P 平面上的投影。如图 1-1。

"投影方式"可以有两种：

1. 中心投影

过 A 点的投射线必须通过空间一定点 S。S 称为投影中心，这种投影方式称为中心投影法；用中心投影法得到的投影称为中心投影。

如图 1-2，空间线 $ABCDE$ 在 P 平面上的中心投影 $abcde$，即以投影中心 S 为顶点，连接空间线上各点而形成的投射面与投影面 P 的交线。

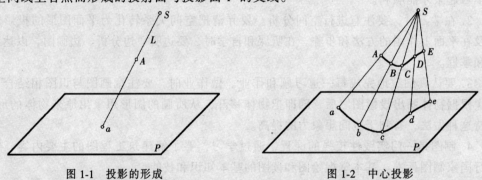

图 1-1　投影的形成　　　　　　图 1-2　中心投影

2. 平行投影

设想将图 1-2 中的点 S 移向无穷远处，则所有的投射线 SA、SB、……将趋于平行，如图 1-3，这种投影方式称为平行投影法，用平行投影法得到的投影称为平行投影。

在平行投影里，投射线的方向与投影面成直角时，称此投影方式为正投影（法），若成斜角则称此投影方式为斜投影（法）。如图 1-4。

综上所述，投影（法）的分类为：$\begin{cases} 中心投影（法） \\ 平行投影（法） \begin{cases} 正投影（法） \\ 斜投影（法） \end{cases} \end{cases}$

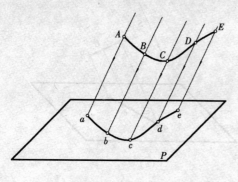

图 1-3　平行投影

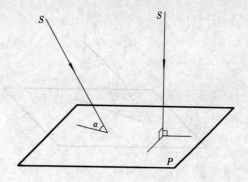

图 1-4　斜投影、正投影

第二节　投影的性质

一、投影的一般性质
这是中心投影和平行投影共同的性质。

1. 积聚性：当直线沿投射线方向投射时，其投影成一个点；当平面沿投射线方向投射时，其投影成一直线，如图 1-5。

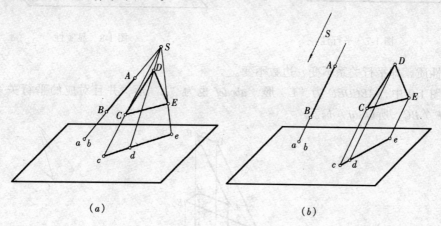

图 1-5　积聚性

2. 从属性：线（直线或曲线）上的点的投影在该线的投影上，如图 1-6 中的点 C。

二、平行投影的特殊性质

1. 平行性：平行直线的投影相互平行，如图 1-7 所示，因为 $AB//CD$，则过 AB、CD 的投射面 $ABba//CDdc$，它们与投影面的交线也一定平行，故 $ab//cd$。
2. 定比性：（1）直线上两线段长度之比等于其投影长度之比（图 1-6b），即 $AC:CB = ac:cb$
　　　　　（2）两平行线段长度之比等于其投影长度之比（图 1-7）即 $AB:CD = ab:cd$
3. 显实性：当平面图形平行于投影面时，其投影反映平面图形的实形。注意，直线或平面曲线是其特殊情况，如图 1-8。
4. 类似性：当平面图形倾斜于投影面时，其投影的形状与原平面图形相比，保持了两个

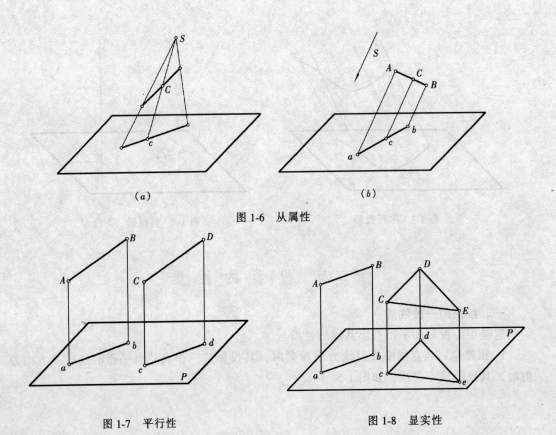

(a)　　　　　　　　　(b)

图 1-6　从属性

图 1-7　平行性　　　　图 1-8　显实性

不变的性质，即平行关系不变，边数不变。

如图 1-9 中，ABCDEF 为 "L" 形，abcdef 也为 "L" 形，并且对应的平行关系不变，比如 AF∥BC，所以 af∥bc。

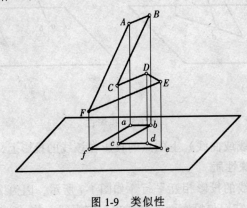

图 1-9　类似性

第三节　土建工程中常用的四种投影图

一、正投影图

工程上采用的正投影图，一般为多面正投影图，即设立几个投影面，使它们分别平行于工程形体的几个主要面，以便能在图中反映出这些面的实际形状（图 1-10）。这种图形具有反映实形、便于度量和绘制简单等优点，其缺点是立体感差。

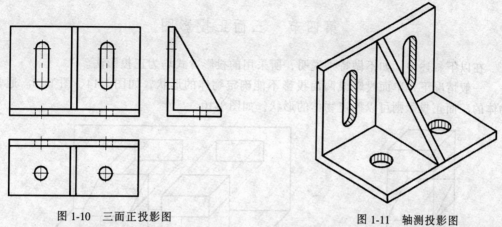

图 1-10　三面正投影图　　　　　　　图 1-11　轴测投影图

二、轴测投影图

在一个投影面上能反映出工程形体三个互相垂直方向尺度的平行投影图，称为轴测投影图，简称轴测图（图 1-11）。这种图样立体感较强，但度量不够简便，绘制较费时，常作为工程上的辅助图样。

三、透视投影图

工程形体在一个投影面上的中心投影，称为透视投影图，简称透视图（图 1-12），这种图样具有良好的立体感，但比轴测图更为复杂，且很难度量。透视图在土建工程中常作为设计方案和展览用的直观图样。

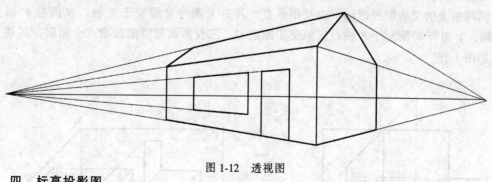

图 1-12　透视图

四、标高投影图

在一个水平投影面上标有高度数字的正投影图，称为标高投影图（图 1-13）。这种图

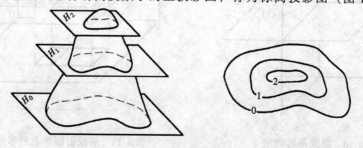

图 1-13　标高投影

样是表示不规则曲面的一种有效的图示形式。标高投影图可为设计和施工中计算土方量、确定设计高程和施工界限提供依据。

第四节 三面正投影图

在以下叙述中，如不做特别说明，所采用的投影方式均为正投影法。

一般情况下，单面投影或两面投影不能确定物体的形状，如图1-14、图1-15。通常，物体的三面正投影则可以确定物体的形状，如图1-10。

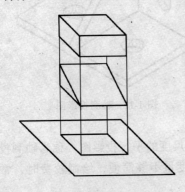

图1-14 单面投影

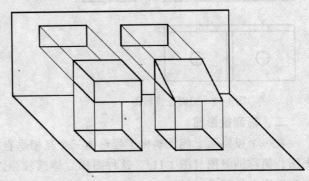

图1-15 两面投影

1. 三投影面体系的建立

设三个两两垂直的投影面，水平位置的 H 面称为水平投影面；正立位置的 V 面称为正立投影面；侧立在 V 面右侧的 W 面称为侧立投影面，从而构成一个三投影面体系。它们两两相交的交线即投影轴，也互相垂直。其中 V 面与 H 面交于 X 轴，H 面与 W 面交于 Y 轴，V 面与 W 面交于 Z 轴；三轴交于原点 O；三投影面把空间分成八个象限，其划分顺序如图1-16。

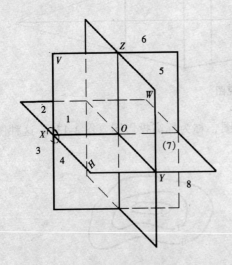

图1-16 象限角的确定

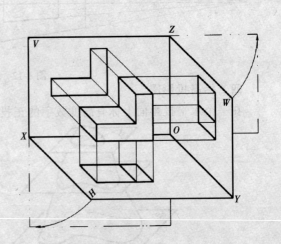

图1-17 三投影面体系的形成及其展开

2. 三投影面体系的展开

如图1-16，有物体位于第一分角。向 V、H、W 面作正投影，假定 V 面不动，并把 H 面和 W 面沿 Y 轴分开，H 面绕 X 轴向下旋转90°，W 面绕 Z 轴向后旋转90°。使 H、V 和 W 面处在同一平面上（图1-17）。

三个投影面展开后，三条投影轴成了两条垂直相交的直线，原 OX、OZ 轴位置不变，原 OY 轴则分成 OY_H 和 OY_W 两条轴线（图1-18）。

实际作图时，只要画出形体上三个投影面，而不必画投影面的边框线。

3. 三面投影图的特性

若在三投影面体系中，定义形体上沿 X 面的尺度为"长"，沿 Y 面的尺度为"宽"，沿 Z 面的尺度为"高"（图1-19），则形体三面投影图的特性可叙述为：

（1）长对正——V 面投影和 H 面投影的对应长度相等，画图时要对正。

（2）高平齐——V 面投影和 W 面投影的对应高度相等，画图时要平齐。

（3）宽相等——H 面投影和 W 面投影的对应宽度相等。

即"三等关系"。

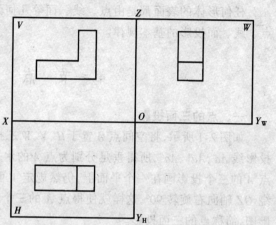

图1-18 三面投影图

注意，"三等关系"不仅适用于物体总的轮廓，也适用于物体的局部细节。

我们不仅可以从物体的三面投影图中得到它的大小，还可以知道其各部分的相互位置关系，按照图1-20所定义的前、后、左、右、上、下的关系，可知图1-19所示的"L"体，其竖向板在横向板的上方，并且两者的右表面共面。

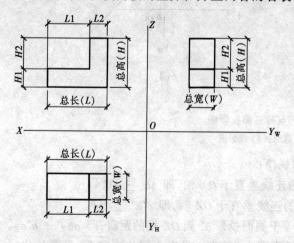

图1-19 长、宽、高的确定及"三等关系"

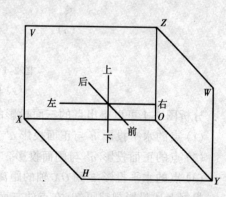

图1-20 方向的确定

另外，国家制图标准规定，用虚线表示沿投影方向看时不可见的物体表面轮廓线的投影，比如在图1-10中水平投影中的虚线，表示了竖板上的长圆孔在 H 面上的投影，说明在向 H 面投影时，长圆孔是不可见的。

第二章 点、直线和平面的投影

任何形体的表面都是由点、线、面等几何元素组成的,因此学习投影图必须先要研究点、线、面投影的基本规律。

第一节 点 的 投 影

一、点的三面投影

如图2-1所示,将空间点A置于H、V、W三投影面体系中,过点A分别向H、V、W作垂直投影线Aa、Aa'、Aa'',所得垂足分别为点A的水平投影a、正面投影a'和侧面投影a''。为了把点A的三个投影画在一个平面上,仍然规定V面保持不动,H面绕OX轴向下旋转90°,W面绕OZ轴向右旋转90°,这样就使得点A的三个投影展平在同一个平面上,称为点的三面投影图,简称点的三面投影。

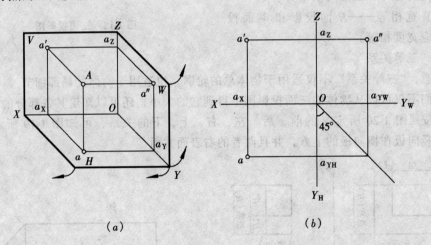

图2-1 点的三面投影图
(a)直观图;(b)投影图

分析图2-1可以得出点的三面投影的规律:
(1)点的水平投影a与正面投影a'的连线垂直于OX轴,即$aa' \perp OX$。
(2)点的正面投影a'与侧面投影a''的连线垂直于OZ轴,即$a'a'' \perp OZ$。
(3)点的水平投影a到OX轴的距离等于侧面投影a''到OZ轴的距离,即$aa_X = a''a_Z$。

根据上述投影规律可知,在点的三面投影图中,每两个投影之间均有联系,只要给出一点的任何两个投影,就可以求出其第三投影。

【例2-1】 已知点A、B、C的两面投影,求作第三面投影。如图2-2所示。
作图:

(1) 过 a' 作 OX 轴的的垂线 $a'a_X$。
(2) 过 a'' 作 OY_W 轴的垂线与 45° 辅助线相交,过交点作 OY_H 轴的垂线与 $a'a_X$ 的延长线相交得 a。
(3) 过 b 作 OY_H 轴的垂线与 45° 辅助线相交,过交点作 OY_W 轴的垂线得交点即 b''。
(4) 由于 c、c' 均在 OX 轴上,所以可直接求得 c'' 位于投影原点。

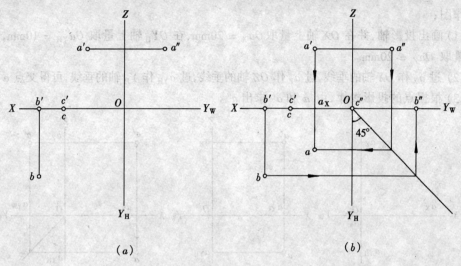

图 2-2 点的"二补三"
(a) 已知;(b) 作图

二、点的坐标

在三投影面体系中,若把投影轴看作坐标轴,则投影面即为坐标面,三投影轴的交点 O 即为坐标原点。这样三投影面体系即为空间直角坐标系,空间点及其投影的位置就可以用坐标来确定。空间一点到三投影面的距离,就是该点的三个坐标,如图 2-3 所示,用 X、Y、Z 表示。空间点到 W 面的距离为该点的 X 坐标,即 $Aa'' = X = Oa_X$;空间点到 V 面的距离为该点

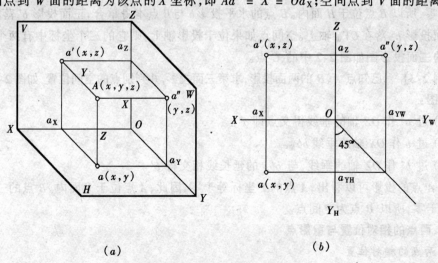

图 2-3 点的投影与直角坐标的关系
(a) 直观图;(b) 投影图

的 Y 坐标,即 $Aa' = Y = Oa_Y$;空间点到 H 面的距离为该点的 Z 坐标,即 $Aa = Z = Oa_Z$。

空间点可用坐标表示,如点 A 的空间位置是 $A(X,Y,Z)$;则点 A 的水平投影是 $a(X、Y)$,V 面投影是 $a'(X、Z)$,W 面投影是 $a''(Y、Z)$。由此可见,已知点的三个坐标,就可以求出该点的三面投影;相反,已知点的三面投影,也可以量出该点的三个坐标。

【例 2-2】 已知点 $A(20,10,20)$,求作 A 点的三面投影图。如图 2-4 所示。

作图:

(1) 画出投影轴,并在 OX 轴上量取 $Oa_X = 20mm$,在 OY_H 轴上量取 $Oa_{YH} = 10mm$,在 OZ 轴上量取 $Oa_Z = 20mm$。

(2) 过 a_X 作 OX 轴的垂线,过 a_Z 作 OZ 轴的垂线,过 a_{YH} 作 Y_H 轴的垂线,可得交点 a 和 a'。

(3) 根据点的投影规律,由 a 和 a' 求出 a''。

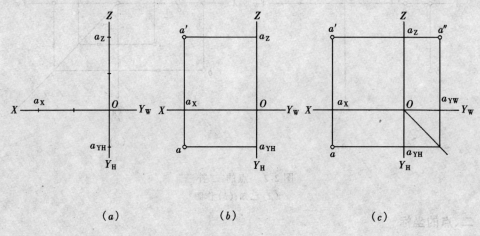

图 2-4 由点的坐标求投影

了解点的投影与点的坐标之间的关系,可以帮助初学者准确判断空间点的位置。当空间点位于某一个投影面内时,则它的三个坐标中必有一个为零。在图 2-2 中,由于 B 点的 Z 坐标等于零,所以 B 点位于 H 面内。B 点的水平投影 b 与 B 点本身重合,正面投影 b' 落在 OX 轴上,侧面投影 b'' 落在 OY_W 轴上。空间点如果位于投影轴上,则它的三个坐标中有两个坐标为零,它的三面投影图如图 2-2 中的 C 点。

【例 2-3】 已知点 A、B 的两面投影,求第三面投影,并判别点的空间位置,如图 2-5 所示。

作图:

(1) 过 a' 作 OZ 轴的垂线得交点即 a''。

(2) 过 b 作 OX 轴的垂线 bb_X。

(3) 过 b'' 作 OZ 轴的垂线,与 bb_X 延长线相交得 b'。

由 A 点的投影可以看出,A 点的 Y 坐标等于零,因此,A 点位于 V 面内。B 点的三个坐标均不等于零,所以 B 点为空间点。

三、两点的相对位置与重影点

1. 两点的相对位置

两点的相对位置,是指两点间的上下、左右、前后位置的关系。在投影图中,判断两点的相对位置,是读图中的重要问题。在三面投影中,V 投影能反映出他们的上下、左右关系,H

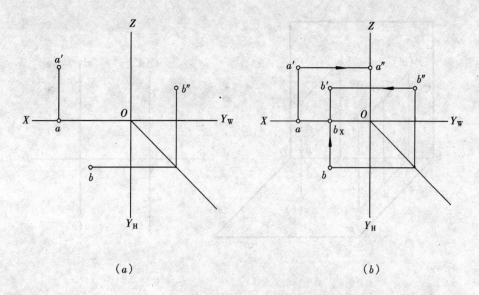

图 2-5　求点的第三投影并判别点的空间位置
(a) 已知；(b) 作图

投影能反映出左右、前后关系，W 投影能反映出上下、前后关系，如图 2-6 所示。

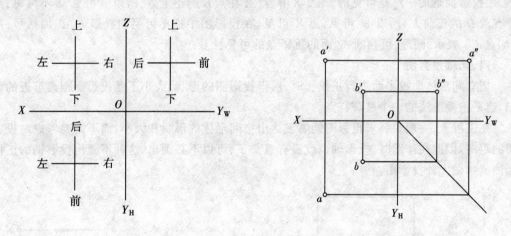

图 2-6　上下、左右、前后位置关系　　　　图 2-7　判别空间两点的相对位置

【例 2-4】　判别图 2-7 中空间两点 A、B 的相对位置。

分析：由 V 投影可以看到，A 点在 B 点的上方、左方，在 H 投影中可以得知 A 点在 B 点的前方，因此判断出点 A 在点 B 的上、左、前方。

2. 重影点

当空间两点对某投影面而言位于同一条投影线上时，该两点在该投影面上的投影重合，则此两点就称为该投影面的重影点。

如图 2-8 所示，点 A、B 位于对 H 面的同一条投影线上，在 H 面上的投影重合，称为 H 面的重影点；点 C、D 位于对 V 面的同一条投影线上，在 V 面上的投影重合，称为 V 面的重影点。

两点重影必有一点被"遮挡"，这就产生了可见与不可见的问题，所以要判别可见性。显

11

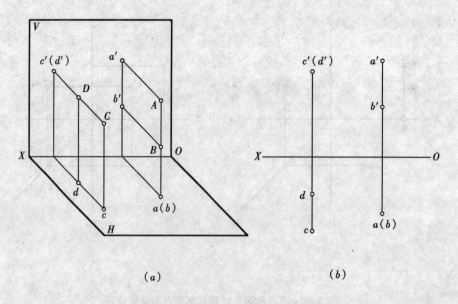

图 2-8 重影点及可见性的判别
(a) 直观图;(b) 投影图

然,距投影面远的一点是可见的。图 2-8 中,点 A 在点 B 的正上方,所以 a 可见,b 不可见;点 C 在点 D 的正前方,所以 c' 可见,d' 不可见。在投影图中把不可见的投影 b、d' 加括号,用 (b)、(d') 表示。同理,可判断 W 面的重影点的可见性。

四、无轴投影图

把空间形体向投影面进行正投影时,所得投影图的形状、大小不受投影面距离远近的影响。这是正投影法的一个显著特点。

在工程上,一般只要求投影图能够表达出空间形体的形状和大小,而不需要考虑对投影面的距离。因此在作图时,投影轴也就没有意义了,可以不必画出。这种不画出投影轴的正投影图就叫做无轴投影图。

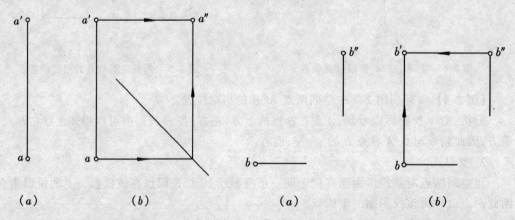

图 2-9 在无轴投影图中求 a''
(a) 已知;(b) 作图

图 2-10 在无轴投影图中求 b'
(a) 已知;(b) 作图

图 2-9 是点 A 的无轴投影图,为求点 A 的侧面投影,可在任意位置处作一条 45°辅助线,

过 a 作水平线与45°辅助线相交,过交点作竖直线与过 a' 所作的水平线相交即得 a''。在本题中,45°辅助线可以作出无数条,这意味着可以把 W 面看作是在与 H、V 垂直的任意的位置处。

图2-10是点 B 的无轴投影图,为求点 B 的正面投影,可过 b 作铅垂直线与过 b'' 所作的水平线相交即得 b'。在本题中,没有使用45°辅助线。但是,本题中的 W 面投影是已知的,说明 W 面的位置是惟一的,若作出此题中的45°辅助线的话,则只有一条。

第二节 直线的投影

求作直线的投影,可先求出该直线上任意两点的投影(通常取其两个端点),即得该直线的投影,如图2-11所示。首先作出两端点 A、B 的三面投影 a、a'、a'' 和 b、b'、b'' 然后用直线连接 ab、$a'b'$、$a''b''$ 即得直线 AB 的三面投影。

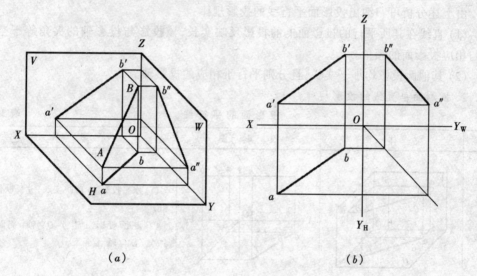

图2-11 直线的投影
(a)直观图;(b)投影图

一、直线与投影面的相对位置

直线根据其与投影面相对位置的不同可以分为以下几种:

1. 投影面平行线

平行于某一个投影面、但倾斜于另外两个投影面的直线,称为投影面平行线。投影面平行线共有三种:

(1)水平线 —— 平行于 H 面的直线;
(2)正平线 —— 平行于 V 面的直线;
(3)侧平线 —— 平行于 W 面的直线。

2. 投影面垂直线

垂直于某一个投影面的直线,称为投影面垂直线。投影面垂直线共有三种:

(1)铅垂线 —— 垂直于 H 面的直线;

(2) 正垂线 —— 垂直于 V 面的直线；

(3) 侧垂线 —— 垂直于 W 面的直线。

3．一般位置直线

与各投影面均倾斜的直线，称为一般位置直线。

二、直线的投影规律

1．投影面平行线的投影规律

表 2-1 列出了三种投影面平行线的投影图及立体图，其中 α、β、γ 分别表示直线与 H、V、W 三投影面的倾角。以水平线为例说明其投影特性：水平线平行于 H 面，所以水平线 AB 上所有的点与 H 面的距离相等，因此它的 V、W 面的上的投影分别平行于投影轴，即 $a'b' \parallel OX$，$a''b'' \parallel OY_W$，水平线的 H 面投影反映实长，即 $ab = AB$，且 ab 与 OX 轴的夹角反映该直线与 V 面的倾角 β，ab 与 Y_H 的夹角反映该直线与 W 面的倾角 γ。

同理，可得正平线和侧平线的投影特性（见表 2-1）。

由上述分析可归纳出投影面平行线的投影规律：

(1) 直线在其所平行的投影面上的投影反映实长，该投影与投影轴的夹角等于空间直线与相应投影面的倾角。

(2) 其他两投影均小于实长，且分别平行于相应的投影轴。

2．投影面垂直线的投影规律

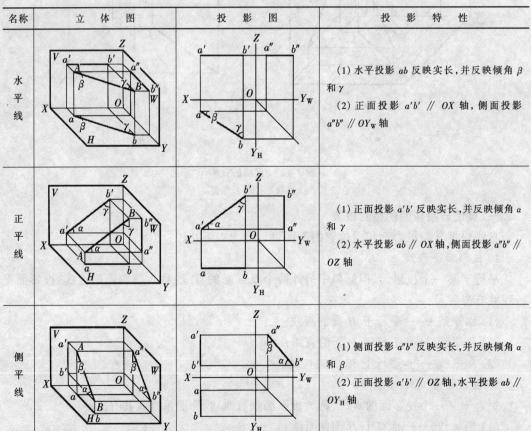

投影面的平行线　　　表 2-1

名称	立 体 图	投 影 图	投 影 特 性
水平线			(1) 水平投影 ab 反映实长，并反映倾角 β 和 γ (2) 正面投影 $a'b' \parallel OX$ 轴，侧面投影 $a''b'' \parallel OY_W$ 轴
正平线			(1) 正面投影 $a'b'$ 反映实长，并反映倾角 α 和 γ (2) 水平投影 $ab \parallel OX$ 轴，侧面投影 $a''b'' \parallel OZ$ 轴
侧平线			(1) 侧面投影 $a''b''$ 反映实长，并反映倾角 α 和 β (2) 正面投影 $a'b' \parallel OZ$ 轴，水平投影 $ab \parallel OY_H$ 轴

表 2-2 列出了三种投影面垂直线的投影图及立体图。以铅垂线为例说明其投影特性：铅垂线垂直于 H 面，所以铅垂线 AB 的 H 面投影为一点 $a(b)$，有积聚性；铅垂线平行于 OZ 轴，所以它的 V 投影垂直于 OX 轴，W 投影垂直于 OY_W 轴，即 $a'b' \perp OX$，$a''b'' \perp OY_W$；同时铅垂线平行于 V 和 W 两投影面，所以它的 V、W 面上的投影均反映线段实长。

同理，可得正垂线和侧垂线的投影特性(见表 2-2)。

投影面的垂直线　　　　　　　　　　　　　表 2-2

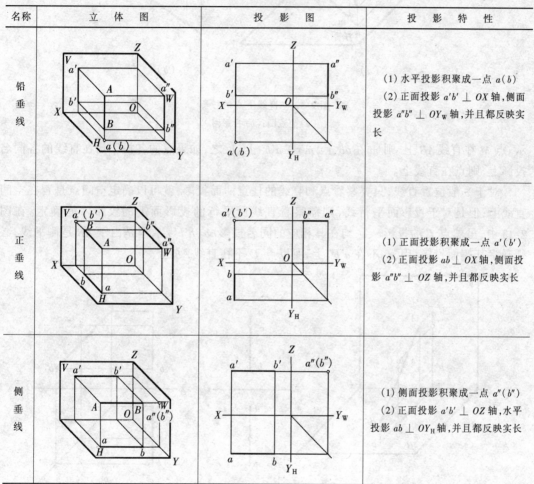

由上述分析可归纳出投影面垂直线的投影规律：
(1) 直线在其所垂直的投影面上的投影，积聚为一点。
(2) 其他两投影均反映实长，且分别垂直于相应的投影轴。

3．一般位置直线的投影规律

一般位置直线与各个投影面均倾斜，其与 H、V 和 W 面的倾角分别为 α、β、γ，在投影图上各投影均不反映线段的实长及其与投影面的倾角，如图 2-11 所示。

三、直线上的点

1．直线上点的投影（从属性）

由平行投影的特性可知，点在直线上，则点的投影必在直线的同名投影上，如图 2-12 所

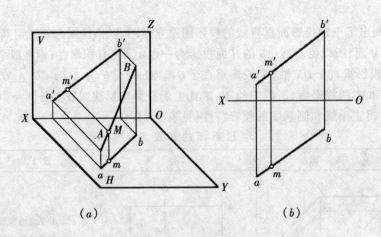

图 2-12 直线上点的投影
(a) 直观图;(b) 投影图

示。点 M 在直线 AB 上,则 m 在 ab 上,m' 在 $a'b'$ 上。反之,如果点的各投影均在直线的各同名投影上,则点在直线上。

对于一般位置直线,只要察看点和直线的任意两面投影,就可以确定空间点是否在空间直线上;但是对于投影面平行线,则需察看直线所平行的投影面上的投影才能确定。在图 2-13 中,虽然点 C 的投影 c、c' 均在其相应的同名投影 ab、$a'b'$ 上,但是由于 AB 是侧平线,必须观察其侧面投影,因 c'' 不在 $a''b''$ 上,所以点 C 不在直线 AB 上。

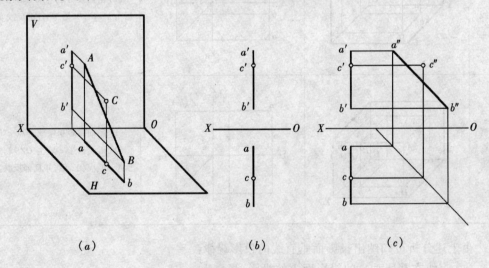

图 2-13 判别点是否在侧平线上
(a) 直观图;(b) 已知;(c) 作图

2. 定比性

从平行投影中定比性的投影特性可知:点分线段成某一比例,则该点的投影也分线段的同名投影成相同的比例,如图 2-12 所示。点 M 在 AB 上,它把该线段分成 AM、MB 两段,则 $AM:MB = am:mb = a'm':m'b'$。

【例 2-5】 试在 AB 线段上取一点 D,使 $AD:DB = 2:3$,求点 D 的投影,如图 2-14 所

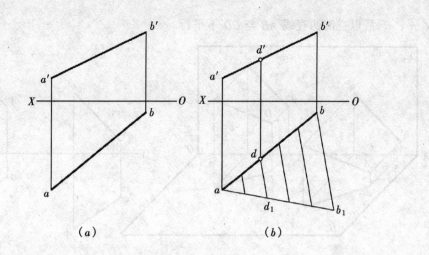

图 2-14 求线段的定比分点
(a) 已知;(b) 作图

示。

分析:点 D 的投影,必在 AB 线段的各同名投影上,且 $ad:db = a'd':d'b' = 2:3$,可用定比性作图。

作图:
(1) 过 a(或 b)任作一辅助线 ab_1,使 $ad_1:d_1b_1 = 2:3$。
(2) 连接 b、b_1。
(3) 过 d_1 作 $d_1d // b_1b$,与 ab 交于 d。
(4) 过 d 作 OX 轴的垂线交 $a'b'$ 于点 d',则 d、d' 即为点 D 的投影。

【例 2-6】 试用定比法完成侧平线 AB 上点 D 的 H 面投影,如图 2-15 所示。

作图:
(1) 作辅助线 $ba_1 = b'a'$,取 $bd_1 = b'd'$。
(2) 连接 a_1a,并过 d_1 作 $d_1d // a_1a$ 与 ab 交于 d,即为所求。

四、两直线的相对位置

空间两直线的相对位置有三种:平行、相交和交叉。下面分别讨论他们的投影特性。

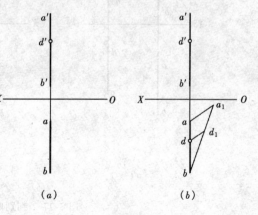

图 2-15 用定比法求 d
(a) 已知;(b) 作图

1. 两直线平行

根据平行投影的投影特性可知:空间两直线相互平行,则它们的各同名投影必相互平行;反之,两直线的各同名投影相互平行,则此两直线在空间一定相互平行,如图 2-16 所示。

一般情况下,根据直线的两面投影,就能确定空间两直线是否平行。但是,当空间两直线为投影面平行线时,则必须作出该两直线所平行的投影面上的投影,才能确定其是否平行。在图 2-17 中,虽然 $ab // cd$、$a'b' // c'd'$,但因 AB、CD 均为侧平线,故需要作出侧面投影,因

17

$a''b'' \not\!\!\!/\, c''d''$,所以空间两直线 AB 与 CD 不平行。

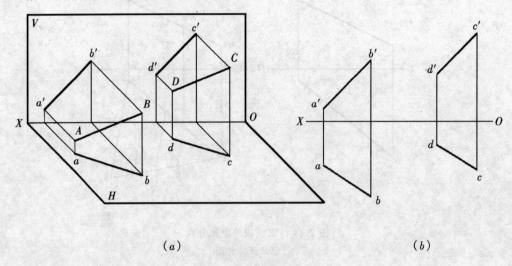

图 2-16 两直线平行
(a)直观图;(b)投影图

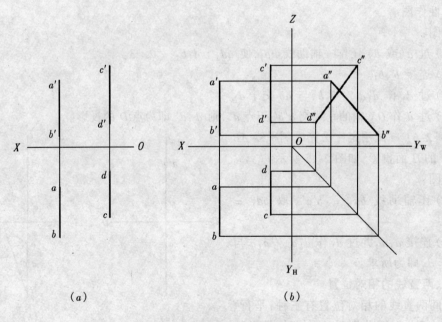

图 2-17 判别两侧直线是否平行
(a)已知;(b)作图

2. 两直线相交

空间两直线相交,则它们的各同名投影必定相交,且交点的连线垂直于相应的投影轴,如图 2-18 所示。空间两直线 AB 和 CD 相交于点 M,则点 M 是 AB、CD 的共有点,由从属性可知,m 在 ab 上,也在 cd 上,所以,ab 与 cd 必然交于 m;同理,a'b' 与 c'd' 必然交于 m'。因为 m、m' 是交点 M 的两面投影,m 与 m' 的连线必垂直于 OX 轴。

反之,两直线的各同名投影相交,并且其交点的连线垂直于相应的投影轴,则该两直线

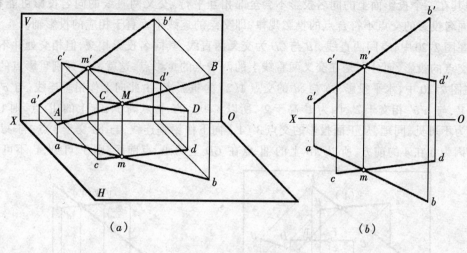

图 2-18 两直线相交
(a) 直观图;(b) 投影图

在空间必定相交。

一般情况下,只根据两面投影就能确定空间两直线是否相交。但是,当两直线之一是投影面平行线时,则必须作出第三面投影,才能确定其是否相交,如图 2-19 所示。虽然 ab 与 cd 相交于 m,$a'b'$ 与 $c'd'$ 相交于 m',且 $mm' \perp OX$ 轴,但 CD 是侧平线,故需作出侧面投影。虽然在侧面投影上 $a''b''$ 和 $c''d''$ 相交,但交点的连线与 OZ 轴不垂直,所以空间两直线 AB 与 CD 不相交。

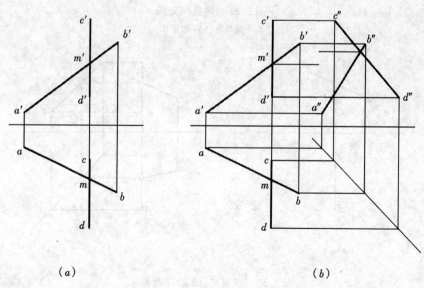

图 2-19 判别两直线是否相交
(a) 已知;(b) 作图

3. 两直线交叉

空间两直线既不平行也不相交时,称为交叉两直线。交叉两直线的同名投影可能相互平行，但其在三个投影面上的同名投影不会全部相互平行。交叉两直线的同名投影可能相交，但其同名投影的交点不符合点的投影规律，即交点的连线不垂直于相应的投影轴。

在图 2-20 中，空间两直线 AB 与 CD 为交叉两直线，其同名投影相交，但相交处并不是两直线交点的投影，而分别是在交叉两直线上的两个点的重影点，这就需要判别重影点的可见性。在图 2-20 中，水平投影 ab 与 cd 的交点 1(2) 为重影点，由此向上作铅垂连线，与 c'd' 相交于 1'，与 a'b' 相交于 2'，因为 1' 高于 2'，所以 CD 上的 Ⅰ 点高于 AB 上的 Ⅱ 点，则 1 为可见，2 为不可见。同理，从正面投影的交点 3'(4') 向下作铅垂连线，与 ab 交于 3 点，与 cd 交于 4 点，因为 3 在 4 的前方，所以 AB 上的 Ⅲ 点在 CD 上的 Ⅳ 点前面，则 3' 可见，4' 不可见。

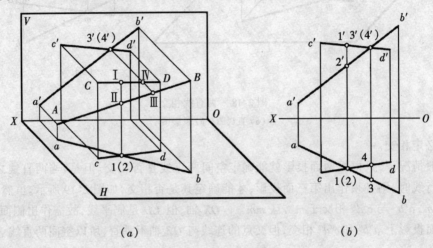

图 2-20 两直线交叉
(a) 直观图；(b) 投影图

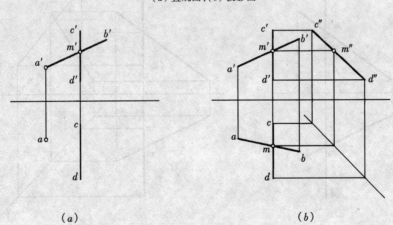

图 2-21 求直线 AB 的 H 投影 ab
(a) 已知；(b) 作图

【例 2-7】 已知直线 AB 与 CD 相交，CD 为侧平线，试完成直线 AB 的 H 投影 ab，如图 2-21 所示。

作图：

(1) 由 cd 和 c'd'，补出直线 CD 的 W 投影 c"d"。

(2) 过 m' 作 OZ 轴的垂线，与 $c''d''$ 相交得 m''。

(3) 过 m'' 作 OY_W 轴的垂线与 45°辅助线相交，过交点作 OY_H 轴的垂线与 cd 相交得 m。

(4) 过 b' 作 OX 轴的垂线与 am 的连线相交得 b。

第三节　平面的投影

一、平面的表示方法

平面是广阔无边的，它在空间的位置可用下列的几何元素来确定和表示：

1．不在同一条直线上的三点；
2．一直线和线外一点；
3．相交两直线；
4．平行两直线；
5．平面图形。

所谓确定位置，就是说通过上列每一组元素，只能作出惟一的一个平面。在投影图中，为了形象起见，常采用平面图形来表示一个平面。但必须注意，这种平面图形可能仅表示其本身，也有可能表示包括该图形在内的一个无限广阔的平面。

如图 2-22 所示，是用三角形表示的平面，为了求作该平面的投影，首先求出它的三个顶点的两面投影，再分别将各同名投影连接起来即为所求。同理，根据平面的两面投影可求出其第三面投影。

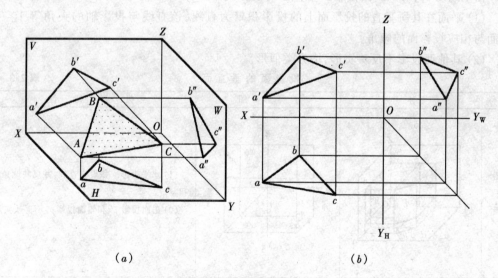

图 2-22　平面的投影
(a) 直观图；(b) 投影图

二、平面与投影面的相对位置

平面根据其与投影面相对位置的不同可以分为以下几种：

1．投影面垂直面

垂直于某一个投影面、但倾斜于另外两个投影面的平面，称为投影面垂直面。投影面垂直面有以下三种：

(1) 铅垂面 —— 垂直于 H 面的平面；

(2) 正垂面 —— 垂直于 V 面的平面；

(3) 侧垂面 —— 垂直于 W 面的平面。

2．投影面平行面

平行于某一投影面的平面，称为投影面平行面。投影面平行面有以下三种：

(1) 水平面 —— 平行于 H 面的平面；

(2) 正平面 —— 平行于 V 面的平面；

(3) 侧平面 —— 平行于 W 面的平面。

3．一般位置平面

与投影面 H、V、W 均倾斜的平面，称为一般位置平面。

三、平面的投影规律

1．投影面垂直面的投影规律

表 2-3 中列出了这三种投影面垂直面的投影图和立体图，其中 α、β、γ 分别表示平面与 H、V、W 三投影面的倾角。以铅垂面为例说明其投影特性：铅垂面 P 垂直于 H 面，所以，其 H 面投影积聚为一条直线，H 投影与 OX 轴的夹角，反映该平面对 V 面的倾角 β；与 OY_H 轴的夹角，反映该平面对 W 面的倾角 γ。V、W 面的投影 p'、p'' 均小于实形，但与原平面成类似形。同理，可得正垂面和侧垂面的投影特性。

由上述分析，可归纳出投影面垂直面的投影规律：

(1) 平面在其所垂直的投影面上的投影积聚为直线，该直线与投影轴的夹角等于空间平面与相应投影面的倾角。

(2) 其他两投影不反映实形，均为类似形。

投 影 面 的 垂 直 面　　　　　　　　　表 2-3

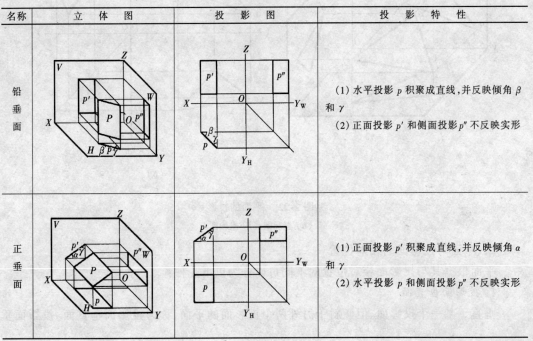

续表

名称	立体图	投影图	投影特性
侧垂面	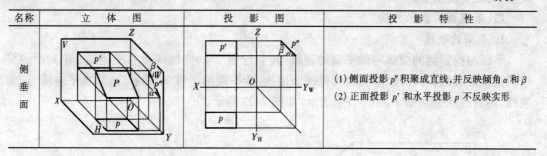		(1) 侧面投影 p'' 积聚成直线,并反映倾角 α 和 β (2) 正面投影 p' 和水平投影 p 不反映实形

2. 投影面平行面的投影规律

表 2-4 中列出了这三种投影面平行面的投影图和立体图,以水平面为例说明其投影特性:水平面 P 平行于 H 面,垂直于 V、W 面,所以水平面的 V、W 投影 p'、p'' 均积聚为直线,且平行于相应的投影轴,水平面的 H 投影反映实形。同理,可得正平面和侧平面的投影特性。

投影面的平行面　　　　　　表 2-4

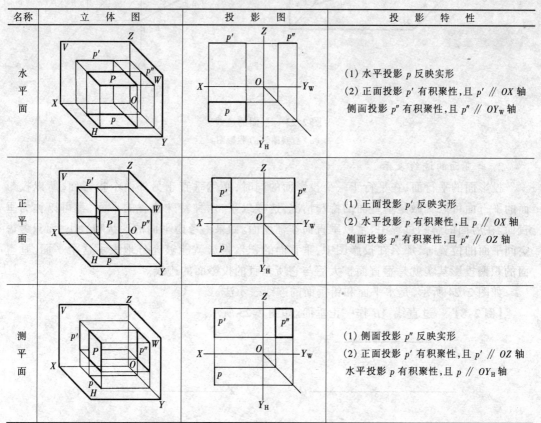

名称	立体图	投影图	投影特性
水平面			(1) 水平投影 p 反映实形 (2) 正面投影 p' 有积聚性,且 $p' // OX$ 轴 侧面投影 p'' 有积聚性,且 $p'' // OY_W$ 轴
正平面			(1) 正面投影 p' 反映实形 (2) 水平投影 p 有积聚性,且 $p // OX$ 轴 侧面投影 p'' 有积聚性,且 $p'' // OZ$ 轴
测平面			(1) 侧面投影 p'' 反映实形 (2) 正面投影 p' 有积聚性,且 $p' // OZ$ 轴 水平投影 p 有积聚性,且 $p // OY_H$ 轴

由上述分析,可归纳出投影面平行面的投影规律:
(1) 平面在其所平行的投影面上的投影反映实形。
(2) 其他两投影均积聚为直线,且平行于相应的投影轴。

3. 一般位置平面

一般位置平面与 H、V、W 均倾斜,故其投影特性是:平面在三个投影面上的投影均不反映实形,但为类似形。

四、垂直面的表示方法

1. 平面的迹线

平面与投影面的交线叫做平面的迹线,其中与 H 面的交线叫做水平迹线;与 V 面的交线叫做正面迹线;与 W 面的交线叫做侧面迹线。若平面用字母 P 表示,则其水平迹线、正面迹线、侧面迹线分别用 P_H、P_V、P_W 表示,如图 2-23 所示。

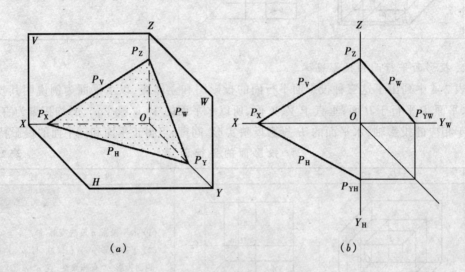

图 2-23 平面的迹线
(a)直观图;(b)投影图

2. 垂直面的迹线表示

投影面的平行面,在平行于一个投影面的同时,必然垂直于另外两个投影面。所以投影面的平行面可以看做是垂直面的特殊情况。这样以来,六种特殊位置的平面,都可以称为垂直面。在后面的解题过程中,常以垂直面作辅助面。如果不考虑平面的形状和大小,而只考虑空间平面的位置时,那么在投影图中,垂直面的积聚投影就能够充分地表示这个平面。垂直面的积聚投影其实就是垂直面扩大后与它所垂直的投影面的迹线。

如图 2-24 所示,是水平面和铅垂面的迹线表示法。

【例 2-8】 过直线 AB 作一正垂面。如图 2-25 所示。

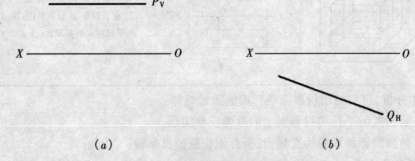

图 2-24 水平面、铅垂面的迹线表示
(a)水平面;(b)铅垂面

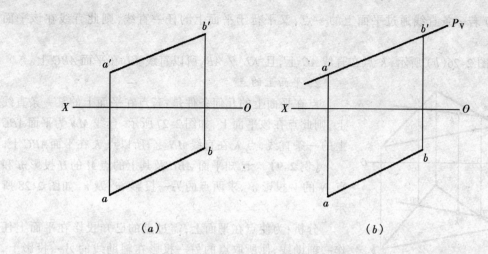

图 2-25 过直线 AB 作一正垂面
(a)已知；(b)作图

分析：过已知直线 AB 作正垂面，只要所作正垂面的积聚投影与直线 AB 的正面投影 $a'b'$ 重合就可以。若不考虑平面的形状和大小，而只考虑空间平面的位置，那么，只要将直线 AB 的正面投影 $a'b'$ 适当延长，用 P_V 表示，则平面 P 即为过直线 AB 所作的正垂面。

作图：
(1) 将 $a'b'$ 适当延长。
(2) 用字母 P_V 标示该直线。

若要求过直线 AB 作一铅垂面，读者可自行分析画出。

五、平面上的直线和点

1. 平面上的直线

直线在平面上的几何条件是：

(1) 若一条直线通过平面上的两个点，则此直线在该平面上。

如图 2-26(a)所示，M 点在直线 AC 上，N 点在直线 BC 上，所以直线 MN 在 ABC 平面上。

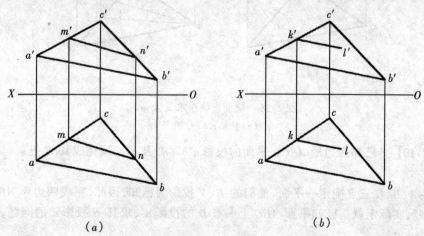

图 2-26 平面上的直线

(2) 若一条直线通过平面上的一点,又平行于平面上的任一直线,则此直线在该平面上。

如图2-26(b)所示,K点在直线AC上,且KL∥AB,所以直线KL在平面ABC上。

2. 平面上的点

点在平面上的几何条件是:若点在平面上的某一条直线上,则此点在该平面上,如图2-27所示。直线MN为平面ABC上的一条直线,点K在直线MN上,所以点K在平面ABC上。

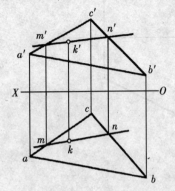

图2-27 平面上的点

【例2-9】 已知平面ABC及其上的点M的H投影m和点N的V投影n′,求两点的另一投影m′及n,如图2-28所示。

分析:为使点在平面上,需过点的已知投影在平面上任作一辅助线,使所取点的另一投影在辅助线的另一投影上,则点就在平面上。无论点在平面图形范围内或范围外,都是一样的。

作图:

(1) 过点m任作一辅助线a1。
(2) 求a′1′。
(3) 过m作OX轴的垂直连线,与a′1′相交即得点m′。
(4) 同理,可求出n。

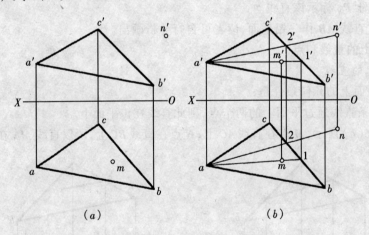

(a) (b)

图2-28 辅助直线法求n及m′
(a)已知;(b)作图

【例2-10】 已知四边形ABCD平面的投影a′b′c′d′及abc,试完成其H投影。如图2-29所示。

分析:A、B、C三点确定一平面,他们的H、V投影为已知,因此,完成四边形ABCD的H投影的问题,实际上就是已知平面ABC上一点D的投影d′,求其H投影d的问题。

作图:

(1) 连接a、c和a′、c′得辅助线AC。
(2) 连接b′、d′与a′、c′相交于点1′。

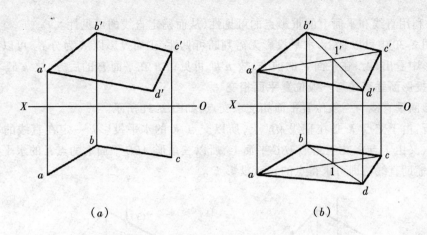

图 2-29 完成四边形平面的 H 投影 $abcd$

(a)已知；(b)作图

(3) 由 $1'$ 在平面上求出 1。
(4) 连接 $b1$，在其延长线上求出 d。
(5) 分别连接 ad 和 cd，即为所求。

第四节 直线和平面、平面和平面相交

直线和平面相交，有一个交点。两个平面相交，有一条交线。本书仅就几种特殊情况予以讨论。

一、一般位置直线与特殊位置平面相交

一般位置直线与特殊位置平面相交求交点，如图 2-30 所示。

分析：由于交点 K 在平面 P 上，水平投影 k 一定在 P_H 上，又由于 K 在直线 AB 上，所以 k 一定在 ab 上。因此，水平投影 k 可从 ab 与 P_H 的交点直接求得，有了水平投影 k，就可以在直线的正面投影上定出 k'。

作图：
(1) 用字母 k 标出 ab 和 P_H 的交点。
(2) 过 k 作 OX 轴的垂直连线，与 $a'b'$ 相交即得 k'。

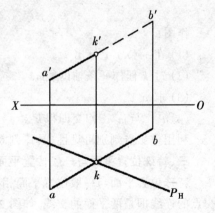

图 2-30 一般位置直线与铅垂面相交

由于我们认为平面是不透明的，因此，在直线和平面的交点确定了以后，还会产生判别直线可见性的问题。也就是说，当我们从上向下看直线的水平投影时，位于平面之上的部分是看得见的，用实线画出，位于平面之下被平面遮住的部分是看不见的，用虚线画出。同样，当我们从前向后看直线的正面投影时，位于平面之前的部分是看得见的，用实线画出，位于平面之后被平面遮住的部分是看不见的，用虚线画出。

判别可见性的基本方法有两种：
(1) 直观判断；

(2) 利用直线和平面上的重影点的可见性,从而确定直线的可见性。

从图 2-30 中可以看出,水平投影无需判断可见性,正面投影以 K 为分界,可以直观地从水平投影中看出,AK 在平面 P 的前方,故 $a'k'$ 可见;KB 在平面 P 的后方,故 $k'b'$ 不可见。

二、投影面垂直线与一般位置平面相交

投影面垂直线与一般位置平面相交求交点,如图 2-31 所示。

分析:由于交点 K 必在直线 MN 上,所以交点 K 的水平投影 k 一定在直线的积聚投影 $m(n)$ 上,又由于点 K 在三角形 ABC 平面上,所以三角形 ABC 平面上的点 K 的水平投影为已知,利用辅助直线法即可求得点的正面投影 k'。

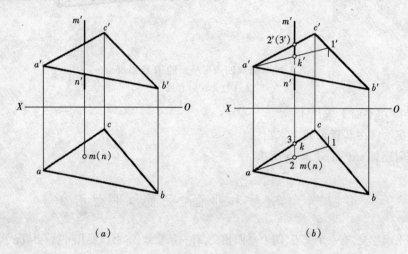

图 2-31 铅垂线与一般位置平面相交
(a) 已知;(b) 作图

作图:
(1) 在 $m(n)$ 上标出 k。
(2) 过 k 任作一条辅助线 a1。
(3) 求 $a'1'$。
(4) $a'1'$ 与 $m'n'$ 相交即得 k'。

利用重影点判别可见性,具体判断如图中所示。

三、特殊位置平面与一般位置平面相交

特殊位置平面与一般位置平面相交求交线,实质上是求两条直线与平面的两个交点,两交点的连线即是两平面的交线,如图 2-32 所示。

分析:从水平投影可以看出,直线 AB 和 AC 与平面 P 相交,交点为 M、N。在投影图上,利用 P_H 的积聚性,可以直接求出 M、N 的水平投影 m、n,有了水平投影,就可以在直线的正面投影上定出 m'、n'。

作图:
(1) 用 m、n 分别标出 ab 和 ac 与 P_H 的交点。
(2) 过 m、n 分别作 OX 轴的垂直连线,与 $a'b'$ 和 $a'c'$ 相交即得 m'、n'。
(3) 连接 m'、n'。

利用直观判断法判别可见性，具体判断如图中所示。

四、一般位置直线与一般位置平面相交

一般位置直线与一般位置平面相交求交点，从投影图中不能直接求得，可归结为以下三个步骤：

1. 过直线作辅助平面（一般作投影面垂直面）；
2. 求辅助平面与已知平面的交线；
3. 求交线与已知直线的交点，此交点即为所求。

【例 2-11】 求直线 MN 与平面 ABC 的交线。如图 2-33 所示。

分析：为求直线 AB 与平面 ABC 的交点 K，首先过 mn（或 m'n'）作铅垂辅助平面（或正垂辅助平面）P，这样，就可以利用平面 P 的积

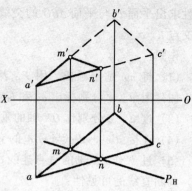

图 2-32 铅垂面与一般位置平面相交

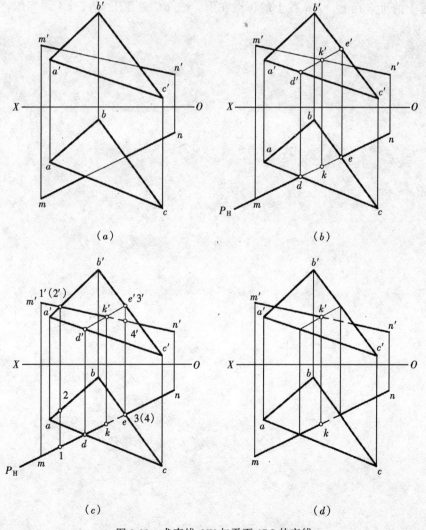

图 2-33 求直线 MN 与平面 ABC 的交线

聚性求出平面 P 与平面 ABC 的交线，该交线与直线 MN 的交点即为直线 MN 与平面 ABC 的交点 K。

作图：

(1) 将 mn 适当延长，用 P_H 表示。

(2) 用 d、e 分别标出 ac 和 bc 与 P_H 的交点。

(3) 过 d、e 分别作 OX 轴的垂直连线，与 $a'c'$ 和 $b'c'$ 相交即得 d'、e'。

(4) 连接 $d'e'$，$d'e'$ 与 $m'n'$ 的交点即为 k'。

(5) 过 k' 作 OX 轴的垂直连线，与 mn 相交即得 k。

判断直线的可见性：

正面投影：利用交叉直线 AB 与 MN 的重影点Ⅰ、Ⅱ进行判断，从水平投影可以看出，MN 线上的Ⅰ点在前，AB 线上的Ⅱ点在后，故 MN 遮住了 AB，$m'k'$ 画实线，$k'n'$ 被遮住部分画虚线。

水平投影：利用交叉直线 BC 与 MN 的重影点Ⅲ、Ⅳ进行判断，从正面投影可以看出，BC 线上的Ⅲ点在上，MN 线上的Ⅳ点在下，故 BC 遮住了 MN，mk 画实线，kn 被遮住部分画虚线。

第三章 基本形体的投影

体是由点、线、面等几何元素所组成的,所以体的投影实际上就是点、线、面投影的综合。基本形体分平面体和曲面体两大类。由平面图形所围成的形体称为平面体,由曲面或由曲面和平面共同围成的形体称为曲面体。

第一节 平面体的投影

在建筑工程中,如果对建筑物的形体进行分析,不难看出,绝大部分的形体属于平面体的类型。平面体的基本类型主要有棱柱、棱锥和棱台等。

作平面体的投影,其关键是在于作出平面体的点(顶点)、直线(棱线)和平面(棱面)的投影。

1. 棱柱的投影

图 3-1 是一个竖放的三棱柱的直观图和投影图。作图之前,应首先分析形体的几何特征。该三棱柱是由上、下两个底面和三个棱面组成的。上、下两底面是水平面,左、右两个棱面为铅垂面,后棱面为正平面。三条棱线为铅垂线。

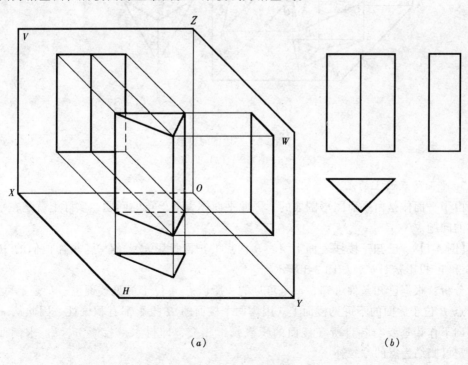

图 3-1 三棱柱的投影
(a) 直观图;(b) 投影图

在 H 投影中,三角形反映了上、下两底面的实形,三角形的三条边线即为三个棱面的积聚投影,三角形的三个顶点即三条棱线的积聚投影。在 V 投影中,上、下两条线是上、下两个水平面的积聚投影,左、右两个矩形分别为左、右两个棱面的投影,外围矩形线框表示后棱面的实形。在 W 面投影中,上、下两底面仍积聚为直线,矩形是左、右两个棱面投影的重合,只是右边的棱面被左边的棱面遮挡住,后面的棱面在此积聚为一直线。

2. 棱锥的投影

图 3-2 是一个正三棱锥的直观图和投影图。该三棱锥的底面为一水平面,左、右两棱面是一般位置平面,后棱面是侧垂面,还应注意中间棱线是侧平线。

在 H 投影中,外围三角形反映底面的实形,三个小三角形分别为三个棱面的类似形。在 V 投影中,左、右两个三角形分别为左、右两个棱面的类似形,外围三角形是后棱面的类似形,后棱面被前面两个棱面遮挡住。在 W 投影中,三角形为左、右两个棱面投影的重合,右边的棱面被左边的棱面遮挡住,后棱面是侧垂面,投影积聚为一条直线。

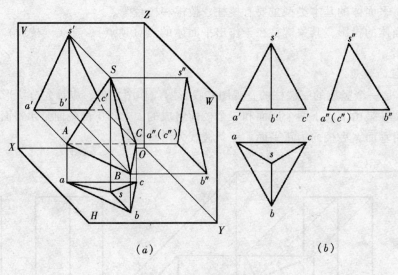

图 3-2 三棱锥的投影
(a) 直观图;(b) 投影图

3. 平面体表面上的点

由于平面体是由平面图形围成的,因此平面体表面上点的问题,实际上就是在平面上取点的问题。

【例 3-1】 已知三棱柱表面上 A、B 两点的正面投影 a'、(b'),求作他们的 H 投影 a、b 和 W 投影 a''、b'',如图 3-3 所示。

分析:根据已知条件可知,a' 是可见的,所以点 A 位于可见棱面上,b' 是不可见的,所以点 B 位于后面的不可见棱面上。因为两个棱面的 H 投影都有积聚性,因此从 a'、b' 分别向下作铅垂线与各自所在棱面的积聚投影相交,即得水平投影 a、b。求侧面投影 a''、b'' 可归结为点的"二补三"。

作图:

(1) 过 a'、b' 作 OX 轴的垂线,与各自所在棱面的积聚投影相交得 a、b。

(2) 根据点的"二补三",求出 a''、b''。

【例 3-2】 已知三棱锥表面上 M、N 两点的 V 投影 m'、(n'),求他们的 H 投影 m、n 和 W 投影 m''、n'',如图 3-4 所示。

分析:根据已知条件可知,M、N 两点分别位于 SAB、SAC 两个棱面上,SAB 为一般位置平面,它的各个投影均无积聚性。为此,需要在点所在的棱面上作辅助线来确定点的投影。SAC 为侧垂面,可直接利用积聚性作图。

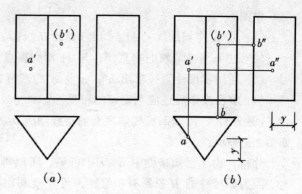

图 3-3 三棱柱体表面定点
(a) 已知;(b) 作图

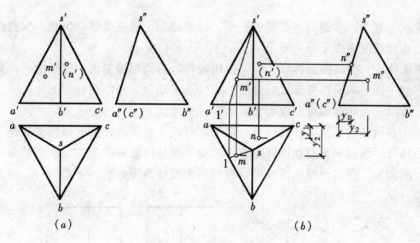

图 3-4 三棱锥体表面定点
(a) 已知;(b) 作图

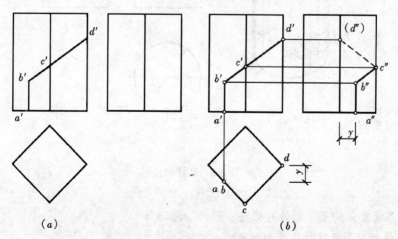

图 3-5 四棱柱体表面定线
(a) 已知;(b) 作图

作图：

(1) 过 m' 作辅助线 $s'1'$，求出 $s'1'$ 的 H 投影 $s1$。

(2) 过 m' 作 OX 轴的垂直线，与 $s1$ 相交得点 m。

(3) 利用积聚性直接求出 n''，n 及 m'' 的求解过程可归结为点的"二求三"。

(4) 求出投影后还应判别点的可见性。

【例 3-3】 已知四棱柱体表面的折线 $ABCD$ 的 V 投影 $a'b'c'd'$，完成其 H 及 W 投影，如图 3-5 所示。

分析：由于已知条件中 $a'b'c'd'$ 可见，所以可判断出 $ABCD$ 位于前面可见的两个棱面上。因为四棱柱的 H 投影有积聚性，可直接利用积聚性作图。W 投影的作图过程可归结为点的"二补三"，求出各点后，应将相应的点连成直线。具体作图过程如图 3-5 所示。

第二节 曲面体的投影

在建筑工程中，常遇到各类圆形柱子、球形屋顶、隧道拱等，因此，掌握曲面体的投影作图，在建筑制图中十分必要。

在曲面体中，回转曲面体在工程上应用较广。所谓回转曲面，就是由一条母线（直线或曲线）绕一固定轴回转所形成的曲面。母线是运动的，母线在曲面上的任一位置处，称为素线。所以，回转曲面可看成由无数的素线所组成。

另外，在回转曲面上的任意一点，都随着母线一起回转，点的回转轨迹是一个圆，这个圆称为纬圆，纬圆的圆心在回转轴上，纬圆平面与回转轴垂直，由于回转曲面的母线是由无数点所组成，所以回转曲面也可以看成由无数纬圆所组成。

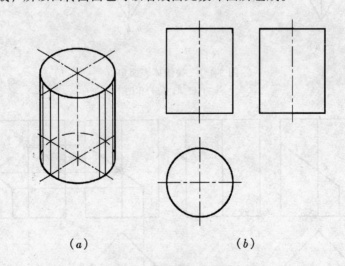

图 3-6 圆柱的投影
(a) 直观图；(b) 投影图

曲面体最常见的基本形体有圆柱、圆锥、圆球等。

1. 圆柱的投影及圆柱体表面的点

两条相互平行的直线，以一条为轴线，另一条为母线，母线绕轴线回转即得圆柱面。

由圆柱面和上、下底面围成的形体就是圆柱体。图 3-6 给出了圆柱体的三面投影，在 H 投影中，圆平面表示上、下两底面的实形，圆周曲线是圆柱曲面的积聚投影。在 V 投影中，矩形表示前、后两个半圆柱面的投影，前半柱面可见，后半柱面不可见，左、右两条直线分别称为最左轮廓素线和最右轮廓素线。在 W 投影中，矩形表示左、右两个半圆柱面的投影，左半柱面可见，右半柱面不可见，前、后两条直线分别称为最前轮廓素线和最后轮廓素线。

求作直立圆柱面上的点的投影时，可直接利用圆柱面的积聚性。

【例 3-4】 已知圆柱体表面上的点 M、N 的 V 投影 m′、(n′)，求 H 投影 m、n 及 W 投影 m″、n″，如图 3-7 所示。

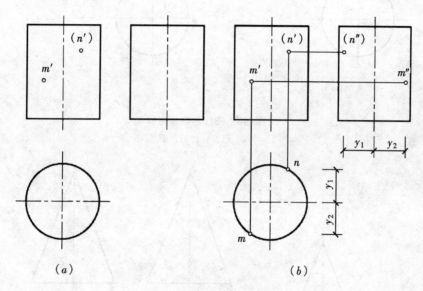

图 3-7 圆柱体表面定点
(a) 已知；(b) 作图

分析：由 m′、n′ 的可见性可知，M 点在前半圆柱面上，N 点在后半圆柱面上。利用积聚性可直接求出 m、n，求 m″、n″ 可归结为点的"二补三"。

作图：

(1) 过 m′、n′ 作 OX 轴的垂线，与各自所在的圆柱面的积聚投影相交得 m、n。

(2) 由 m、m′ 和 n、n′ 补出 m″、n″。

【例 3-5】 已知圆柱体表面的曲线 ABC 的 V 投影 a′b′c′，求其 H 投影 abc 及 W 投影 a″b″c″，如图 3-8 所示。

分析：由已知条件可知，曲线 ABC 位于前半圆柱面上。可直接利用积聚性求出其 H 投影，求 W 投影的过程可归结为点的"二补三"。在此应注意曲线的形状，AB 段垂直于轴线，为一部分圆弧，其 W 投影积聚为一直线；BC 段倾斜于轴线，为一部分椭圆弧，为求椭圆弧的 W 投影，应在 BC 段选一点 I 以确定曲线的形状。作图过程如图 3-8 所示。

2. 圆锥的投影及圆锥体表面的点

两条相交的直线，以一条为轴线，一条为母线，母线绕轴线回转即得圆锥面。由圆锥面和底面组成的形体就是圆锥体。图 3-9 给出了圆锥体的三面投影，在 H 投影中，圆平面

35

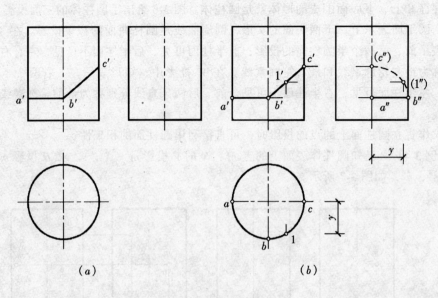

图 3-8 圆柱体表面定线
(a) 已知;(b) 作图

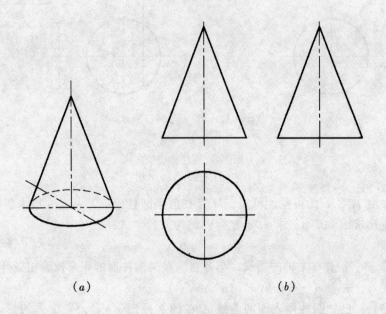

图 3-9 圆锥体的投影
(a) 直观图;(b) 投影图

表示圆锥面和底面的投影,由此可见,圆锥面无积聚性,圆锥面可见,底面不可见。在 V 投影中,三角形表示前、后两个半圆锥面的投影,前半圆锥面可见,后半圆锥面不可见;左、右两条直线分别为最左轮廓素线和最右轮廓素线。在 W 投影中,三角形表示左、右两个半圆锥面的投影,左半圆锥面可见,右半圆锥面不可见,前、后两条直线分别为最前轮廓素线和最后轮廓素线。

求作圆锥体表面上点的投影,可以用素线法,也可以用纬圆法。素线法即将点看作是在圆锥体的某一条素线上；纬圆法即将点看作是在圆锥体的某一纬圆上。

【例3-6】 已知圆锥体表面上一点 M 的正面投影 m'，求 m 及 m''，如图3-10所示。

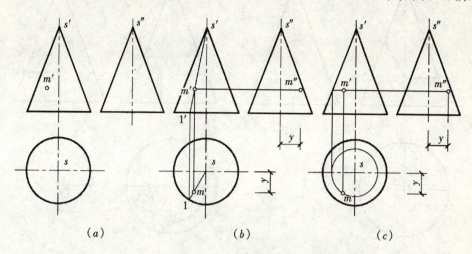

图3-10 圆锥体表面定点
（a）已知；（b）素线法作图；（c）纬圆法作图

分析：由 m' 的可见性可知，M 点在前半圆锥面上，圆锥面没有积聚性，可将 M 点看作是在圆锥体表面的某一条素线或纬圆上。由前面圆锥面的形成过程可以看到，素线是过锥顶的，而纬圆是垂直于轴线的。下面分别是素线法和纬圆法的作图过程。

素线法作图：
（1）过 m' 作素线 $s'1'$。
（2）求出 $s1$。
（3）过 m' 作 OX 轴的垂线与 $s1$ 相交得 m。
（4）由 m、m' 补出 m''。

纬圆法作图：
（1）过 m' 作底圆的平行线，该直线即为点 M 所在纬圆的积聚投影。
（2）以 s 为圆心，作出纬圆的 H 投影即纬圆的实形。
（3）过 m' 作 OX 轴的垂线与纬圆的前面部分相交得 m。
（4）由 m、m' 补出 m''。

【例3-7】 已知圆锥体表面的曲线 ABC 的 V 投影，求 H 投影 abc 及 W 投影 $a''b''c''$，如图3-11所示。

分析：由已知条件可知，AB 段垂直于轴线，为一部分圆弧，在 H 投影中反映圆弧实形，在 W 投影中积聚为直线；BC 段倾斜于轴线，为一部分椭圆弧，在 H 及 W 投影中仍为椭圆。

作图：
（1）用素线法直接求出 a、c，并用圆规作出 AB 弧的实形。
（2）在 $b'c'$ 中间取一点 $1'$，用素线法求出其 H 投影 1，并顺次连接 $b1c$。
（3）W 投影的作图可归结为点的"二补三"。

3．球的投影及球体表面的点

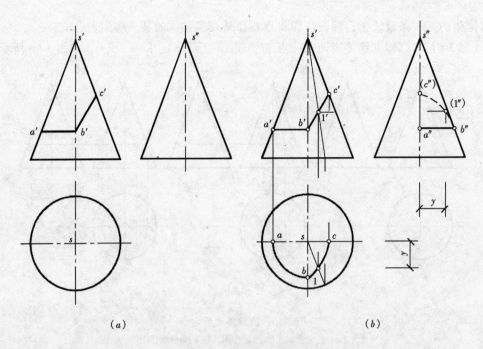

图 3-11 圆锥体表面定线
(a) 已知；(b) 作图

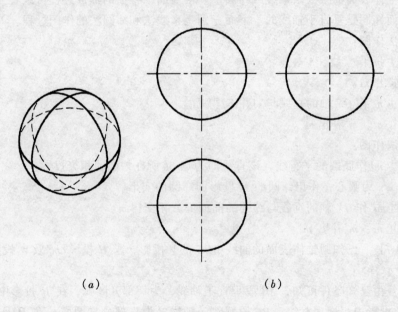

图 3-12 球体的投影
(a) 直观图；(b) 投影图

球的表面可以看作是一个圆绕着圆本身的一条直径旋转而成的。图 3-12 给出了球的三面投影，各投影的轮廓均为同样大小的圆。但要注意，他们不是同一个圆的投影。在 H 投影中，圆平面表示上、下两个半球面的投影，上半球面可见，下半球面不可见，圆周曲线为平行于 H 面的轮廓素线的显实投影。在 V 投影中，圆平面表示前、后两个半球面的投影，前半球面可见，后半球面不可见，圆周曲线为平行于 V 面的轮廓素线的显实投影。在 W 投影中，圆平面表示左、右两个半球面的投影，左半球面可见，右半球面不可见，圆周曲线为平行于 W 面的轮廓素线的显实投影。

求作球体表面的点的投影，应使用纬圆法，即将点看作在某一个纬圆上。

【例 3-8】 已知球体表面的点 M 的 V 投影 m'，求 m 及 m''，如图 3-13 所示。

分析：由 m' 的可见性可知，M 点在前半球面上。球面的投影没有积聚性，可将点 M 看作是在球面的某一纬圆上，求出该纬圆的投影即可求出 M 点的投影。

作图：
(1) 过 m' 作水平直径的平行线，即该纬圆的积聚投影。
(2) 以 O 为圆心，作出该纬圆的显实投影。
(3) 过 m' 作 OX 轴的垂线与纬圆的前面部分相交得 m。
(4) 由 m、m' 补出 m''。

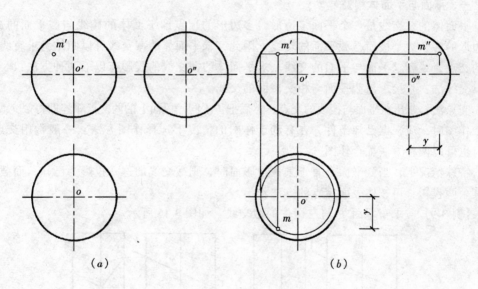

图 3-13 球体表面定点
(a) 已知；(b) 作图

第三节 平面与形体表面相交

平面与形体表面相交，犹如平面去截割形体，此平面叫做截平面，截平面与形体表面的交线叫做截交线；由截交线围成的平面图形，称为断面或截面，形体被一个或几个截平面截割后留下的部分，称为切割体，如图 3-14 所示。

截交线具有以下两个基本特征：

1. 共有性

截交线是截平面和形体表面的共有线，它既在截平面上，又在形体的表面上。

2. 封闭性

由于形体是由它的表面围成的完整体，因此截交线总是封闭的。

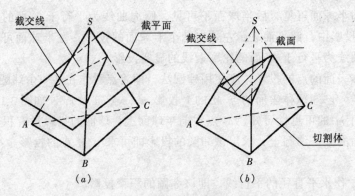

图 3-14 平面与形体表面相交
(a) 截交线；(b) 切割体

下面分别讨论平面与平面体、平面与曲面体相交求截交线的作图问题。

一、平面与平面体相交

平面体的截交线是一个平面多边形，多边形的顶点即平面体的棱线与截平面的交点，多边形的各条边是棱面与截平面的交线。因此，求平面体的截交线可以归结为求直线与平面的交点，或者求平面与平面的交线。求平面体的截交线的投影有以下两种方法：

交线法：直接求出截平面与相交棱面的交线。

交点法：求出截平面与棱线的交点，然后把位于同一棱面上的两交点相连即得截交线。

作图时，应根据已知条件，在有利于作图的情况下选择作图方法。一般常用交点法，有时也可以两种方法配合作图。

特殊情况下，当截平面垂直于某一投影面时，则截交线的这一投影为已知，而截交线的其余两投影，可按体表面定点的方法作出。

【例 3-9】 求正垂面 P 与三棱柱的截交线，如图 3-15 所示。

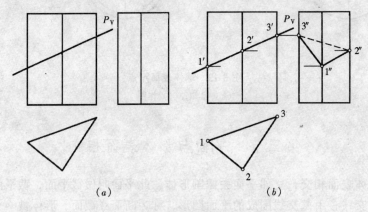

图 3-15 正垂面 P 截割三棱柱的截交线
(a) 已知；(b) 作图

分析：根据已知条件可知，截平面 P 与三棱柱的三条侧棱和三个棱面相交，所得截交线是一个三角形。由于截平面 P 的 V 投影有积聚性，因此截交线的 V 投影就积聚在 P_V 上；另外，三棱柱的三个棱面的 H 投影有积聚性，截交线的 H 投影积聚在 H 投影的三角形上。经分析截交线的 H 及 V 投影为已知，问题在于求截交线的 W 投影。

作图：

(1) 过 $1'$、$2'$、$3'$ 向右作水平线，分别与三条棱线相交即得 $1''$、$2''$、$3''$。

(2) 连接 $1''2''3''$，即得截交线的 W 投影，$2''3''$ 位于不可见的棱面上，应连成虚线。

【例3-10】 求正垂面 P 与三棱锥 S-ABC 的截交线，如图3-16所示。

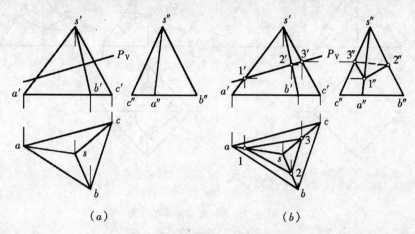

(a)　　　　　　　(b)

图3-16　正垂面 P 截割三棱锥的截交线
(a) 已知；(b) 作图

分析：从图中所给截平面的位置可知，它与三棱锥的三条棱线和三个棱面均相交，所得截交线是三角形。由于截平面的 V 投影有积聚性，因此截交线的 V 投影就积聚在 P_V 上，而且三条棱线 $s'a'$、$s'b'$、$s'c'$ 与 P_V 的交点 $1'$、$2'$、$3'$ 就是截交线的三个顶点。首先求截交线顶点的 H 投影，然后按一定方法两两连成直线即为截交线，此题的作图方法为交点法。

作图：

(1) 自交点 $1'$、$2'$、$3'$ 向下作铅垂线，分别与 sa、sb、sc 相交即可得到交点的 H 投影 1、2、3。

(2) 自交点 $1'$、$2'$、$3'$ 向右作水平线，分别与 $s''a''$、$s''b''$、$s''c''$ 相交即得交点的 W 投影 $1''$、$2''$、$3''$。

(3) 连接同名投影，即得截交线的 H 投影 123 及 W 投影 $1''2''3''$，$2''3''$ 位于不可见棱面上，应连成虚线。

【例3-11】 已知四棱锥切割体的 V 投影，完成其 H 投影及 W 投影，如图3-17所示。

分析：从图中可以得知，四棱锥切割体是由一个正垂面和一个侧平面截割而成，两个截平面相交处形成一条交线，为正垂线。侧平断面的 W 投影有显实性。由于切割体是截割以后拿走一部分形体，因此在判断切割体投影的可见性时，应注意与截交线的区别。

作图：

(1) 在 V 投影中，用 $1'$、$2'$、$3'$、$4'$、$5'$、$6'$ 标出两个截平面与四棱锥的棱线的交点和两棱面的交线与四棱锥表面的交点。

(2) 依次求出 1、2、3、4、5、6 及 $1''$、$2''$、$3''$、$4''$、$5''$、$6''$。

(3) 将位于同一棱面上的两点相连，即得切割体的投影。

(4) 在 H 投影中，四个棱面均可见，所以断面轮廓线都可见。在 W 投影中，$4''6''$ 与

5″6″虽然在右面,但由于左面遮挡部分被拿走,因而可见。最右轮廓线被遮挡,不可见,应画虚线。

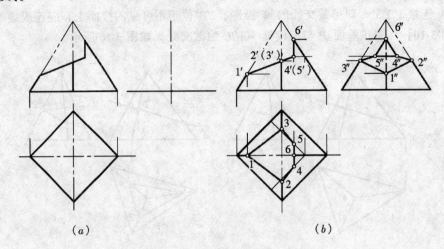

图 3-17 四棱锥切割体的投影
(a) 已知;(b) 作图

二、平面与曲面体相交

平面与曲面体相交所得的截交线,在一般情况下是平面曲线。当截平面截割到曲面体的曲表面的同时,又截割到曲面体的平面部分时,则截交线由平面曲线和直线组成,在结合点处连接成封闭的平面图形,如图 3-18 所示。

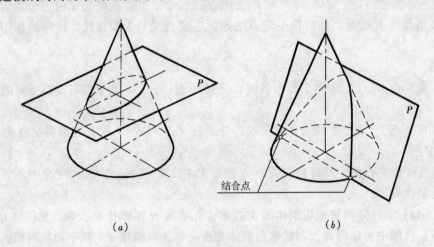

图 3-18 曲面体的截交线

分析图 3-18(a)可知,截平面 P 截割圆锥所得的截交线是一个椭圆。椭圆上的每一个点都可看成是圆锥面上的一条素线或圆锥面上的一个纬圆与截平面的交点。因此,求曲面体截交线的方法就可归结为求曲面上的一系列素线或纬圆与截平面的交点,求出一系列交点后,依次光滑地连成曲线,便可得到曲面体的截交线。

为了使所求的截交线形状准确,必须作出一些控制截交线形状的特殊点,例如轮廓素线上的点、椭圆的长短轴的端点等。

1. 平面与圆柱相交

当截平面与圆柱的轴线处于不同的位置时,就可得出不同形状的截交线,如表 3-1 所示。

圆 柱 的 截 交 线 表 3-1

截平面倾斜于圆柱轴线	截平面垂直于圆柱轴线	截平面平行于圆柱轴线
椭 圆	圆	两条素线

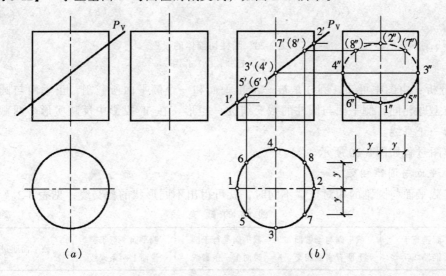

当截平面垂直于圆柱轴线时,截交线为一纬圆;当截平面倾斜于圆柱轴线时,截交线为一椭圆;当截交线通过圆柱轴线或平行于圆柱轴线时,截交线为一矩形。

【例 3-12】 求正垂面 P 与圆柱的截交线,如图 3-19 所示。

图 3-19 正垂面 P 截割圆柱的截交线
(a) 已知;(b) 作图

分析:由于所给截平面与圆柱的轴线倾斜,可知其截交线为一椭圆。又因截平面的 V 投影和圆柱的 H 投影均有积聚性,所以椭圆的 V 投影积聚在 P_V 上,椭圆的 H 投影积聚在圆柱 H 投影的圆周上。问题在于求椭圆的侧面投影。

作图：

(1) 在椭圆的 V 投影中定出八个点 $1'$、$2'$、$3'$、$4'$、$5'$、$6'$、$7'$、$8'$，并找出水平投影中相对应的 1、2、3、4、5、6、7、8。其中，Ⅰ、Ⅱ、Ⅲ、Ⅳ四个点是特殊点，也就是椭圆的长短轴端点、轮廓素线上的点、可见和不可见的分界点。

(2) 求出八个点的侧面投影 $1''$、$2''$、$3''$、$4''$、$5''$、$6''$、$7''$、$8''$。

(3) 将这八个点依次连成椭圆。其中 $4''6''1''5''3''$ 这一段是可见的，应连成实线；$3''7''2''8''4''$ 这一段是不可见的，应连成虚线。

【例 3-13】 已知圆柱切割体的 V 投影，求其 H 投影和 W 投影，如图 3-20 所示。

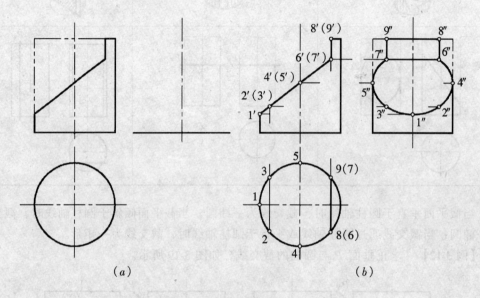

图 3-20 圆柱切割体的投影
(a) 已知；(b) 作图

分析：由图中可知，圆柱是被一个正垂面和一个侧平面所截割，正垂面与圆柱的截交线与上题相同，侧平面与圆柱的截交线为一矩形，在 W 投影中反映实形。两截平面的交线为一正垂线。

作图过程如图 3-20 所示。

2. 平面与圆锥相交

当截平面与圆锥的相对位置不同时，就可得出不同形状的截交线，见表 3-2。

圆锥的截交线   表 3-2

截平面垂直于圆锥轴线	截平面与圆锥面上所有素线相交	截平面平行于圆锥面上一条素线	截平面平行于圆锥面上两条素线	截平面通过锥顶
圆	椭圆	抛物线	双曲线	两条素线

续表

截平面垂直于圆锥轴线	截平面与圆锥面上所有素线相交	截平面平行于圆锥面上一条素线	截平面平行于圆锥面上两条素线	截平面通过锥顶
圆	椭圆	抛物线	双曲线	两条素线

当截平面垂直于圆锥轴线时，截交线是一个纬圆；当截平面与圆锥上所有的素线都相交时，截交线是一个椭圆；当截平面平行于圆锥上一条素线时，截交线是一条抛物线；当截平面平行于圆锥上两条素线时，截交线是双曲线；当截平面通过圆锥顶时，截交线是三角形。

【例 3-14】 求正垂面 P 与圆锥的截交线，如图 3-21 所示。

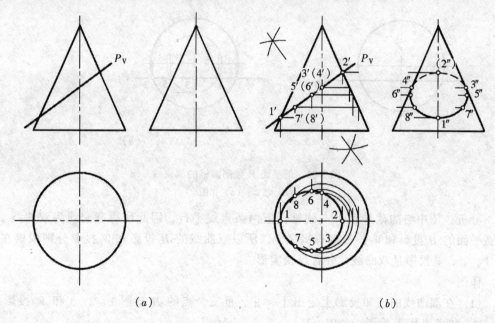

图 3-21　正垂面 P 截割圆锥的截交线
（a）已知；（b）作图

分析：由于图中截平面 P 与圆锥上所有素线都相交，因此截交线是一椭圆。因截平面的 V 投影有积聚性，所以椭圆的 V 投影积聚在 P_V 上，椭圆的 H 投影和 W 投影仍然为椭圆，但都不反映实形。

为了作出椭圆的 H 投影和 W 投影，可用素线法或纬圆法求出椭圆上相当数量的点，然后再将这些点连成椭圆。

作图：

(1) 在椭圆的已知投影上选择八个点，其中 1′、2′ 是圆锥的最左、最右轮廓素线上的点，3′、4′ 是圆锥的最前、最后轮廓素线上的点，5′、6′ 是椭圆的短轴，7′、8′ 是椭圆上的一般点。

(2) 用素线法求出Ⅰ、Ⅱ、Ⅲ、Ⅳ四个点的 H 投影 1、2、3、4 和 W 投影 1″、2″、3″、4″。

(3) 用纬圆法求出Ⅴ、Ⅵ、Ⅶ、Ⅷ四个点的 H 投影 5、6、7、8 和 W 投影 5″、6″、7″、8″。

(4) 将八个点的同名投影依次光滑地连成椭圆，其中 3″2″4″ 这一段是不可见的，应连成虚线。

【例 3-15】 求正平面 P 与圆锥的截交线，如图 3-22 所示。

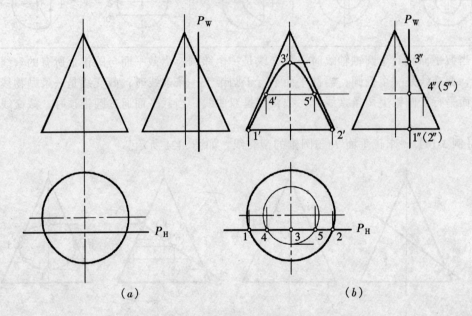

图 3-22　正平面 P 截割圆锥的截交线
(a) 已知；(b) 作图

分析：图中给的截平面 P 与圆锥面上两条素线平行，因此所得截交线为双曲线。因为截平面的 H 投影和 W 投影都有积聚性，所以双曲线的 H 投影和 W 投影分别积聚在 P_V 和 P_W 上，V 投影是双曲线，并且反映实形。

作图：

(1) 在双曲线的已知投影上定出Ⅰ、Ⅱ、Ⅲ三个点的 H 投影 1、2、3 和 W 投影 1″、2″、3″，并求出其 V 投影 1′、2′、3′。

(2) 在双曲线的适当高度的位置上定 4″、5″ 两个点，并用纬圆法求出他们的 H 投影 4、5 和 V 投影 4′、5′。

(3) 把点依次光滑地连接起来，即为双曲线的正面投影。

【例 3-16】 已知圆锥切割体的 V 投影，求其 H 投影及 W 投影，如图 3-23 所示。

分析：从图中可知，圆锥切割体是被正垂面和侧平面截割而成，侧平面截割圆锥所得的断面在 W 投影中反映实形，结合上面两题可求出切割体的 H 及 W 投影。

作图过程如图 3-23 所示。

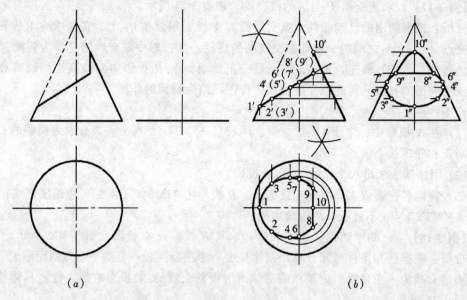

图 3-23 圆锥切割体的投影
(a) 已知；(b) 作图

3. 平面与球相交

平面截割球体，截交线是圆。截平面靠球心越近，截交线的圆越大；截平面通过球心时，截交线是最大的圆。

当截平面是投影面的平行面时，截交线在该投影面上的投影有显实性，其余投影有积聚性；当截平面是投影面垂直面时，截交线在该投影面上的投影有积聚性，其余二投影为

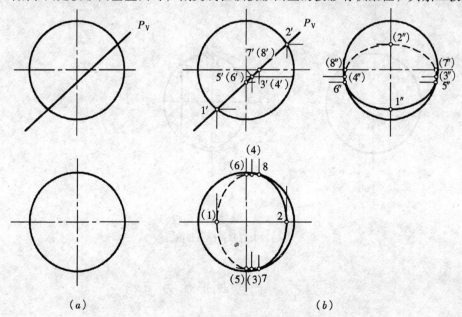

图 3-24 正垂面 P 截割球的截交线
(a) 已知；(b) 作图

椭圆，椭圆的长轴长度与截交线圆的直径相等，短轴由投影确定。

【例3-17】 求正垂面 P 与球的截交线，如图 3-24 所示。

分析：根据给出的已知条件，截交线圆的 V 投影积聚在 P_V 上，它与球的 V 投影轮廓线的交点（1′、2′）之间的长度即截交线圆的直径，H 投影中截交线圆变形为椭圆，12 为椭圆的短轴。与 1′2′垂直的直径 3′4′，是一正垂线，在 H 投影中反映截交线圆直径的实长，成为椭圆的长轴。因此截交线的投影作图归结为椭圆的作图。

作图：

(1) 在 V 投影中，定出 1′、2′、3′、4′、5′、6′、7′、8′八个点，分别为椭圆的长、短轴的端点和轮廓线上的点。

(2) 用纬圆法求出八个点的 H 及 W 投影。

(3) 将同名投影依次光滑地连接起来，H 投影中 7351648 不可见，应连成虚线；W 投影中，5″3″7″2″8″4″6″不可见，应连成虚线。

【例3-18】 已知球切割体的 V 投影，求其 H 投影及 W 投影，如图 3-25 所示。

分析：根据已知条件可知，球切割体是由一个正垂面和一个侧平面截割而形成。两个截平面的交线为一正垂线。侧平面截割球面所得截交线的 W 投影有显实性。具体作图过程如图 3-25 所示。

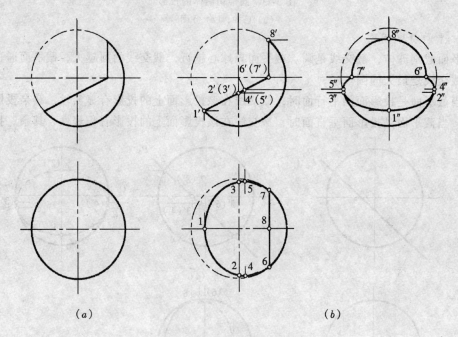

图 3-25 球切割体的投影
(a) 已知；(b) 作图

第四节 直线与形体表面相交

直线与形体表面相交，即直线贯穿形体，所得的交点叫贯穿点，如图 3-26 所示。

当直线和形体在投影图中给出后，便可求出贯穿点的投影。贯穿点是直线与形体表面的共有点，当直线或形体表面的投影有积聚性时，贯穿点的投影也就积聚在直线或形体表面的积聚投影上。

求贯穿点的一般方法是辅助平面法。其具体作图步骤是：经过直线作一辅助平面，求出辅助平面与已知形体表面的辅助截交线，辅助截交线与已知直线的交点，即为贯穿点。

特殊情况下，当形体表面的投影有积聚性时，可以利用积聚投影直接求出贯穿点；当直线为投影面垂直线时，贯穿点可按形体表面上定点的方法作出。

直线贯穿形体以后，穿进形体内部的那一段不需要画出，而位于贯穿点以外的直线需要画出，并且还要判别其可见性。

【例 3-19】 求直线 AB 与三棱柱的贯穿点，如图 3-27 所示。

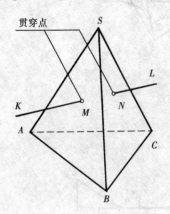
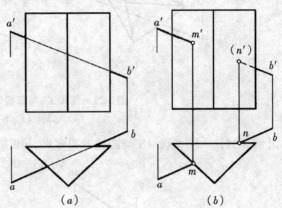

图 3-26 直线与形体表面相交

图 3-27 直线 AB 与三棱柱的贯穿点
(a) 已知；(b) 作图

分析：根据已知条件可知，直线 AB 与三棱柱的左前棱面和后棱面相交。由于三棱柱棱面的 H 投影有积聚性，因此贯穿点的 H 投影可利用积聚性直接定位。

作图：由贯穿点的已知投影 m、n 向上做铅垂线与已知直线 AB 的 V 投影 a'、b' 相交，即得贯穿点的 V 投影 m'、n'。

判别直线的可见性：贯穿点 M、N 均在棱柱的侧棱面上，棱柱棱面的 H 投影都有积聚性，因此露在棱柱外面的 am、nb 是看得见的。但 M 点在左前棱面上，因此，a'm' 是看得见的，画实线；而 N 点在后棱面上，n'b' 中被棱柱挡住的那段应画虚线。

【例 3-20】 求直线 KL 与三棱锥的贯穿点，如图 3-28 所示。

分析：根据已知条件可知，直线与三棱锥的 SAB 和 SBC 两个棱面相交，他们的投影都没有积聚性，需要用辅助平面法求贯穿点。

作图：

(1) 过直线 KL 作辅助平面 P（图中 P 平面为正垂面，与直线的 V 投影重合）。

(2) 求辅助平面 P 与三棱锥表面的截交线（由正面投影 1'2'3' 作出水平投影 123）。

(3) 直线 KL 与截交线的交点即为所求的贯穿点（由水平投影 m、n 作出正面投影 m'、n'）。

判别直线的可见性：所求贯穿点 M、N 分别位于棱锥的 SAB 和 SBC 棱面上，因为这两个棱面的 H 投影和 V 投影都是可见的，所以露在形体外面的两段直线 KM 和 NL 的 H 投

49

影 km、nl 和 V 投影 $k'm'$、$n'l'$ 也都应画成实线。

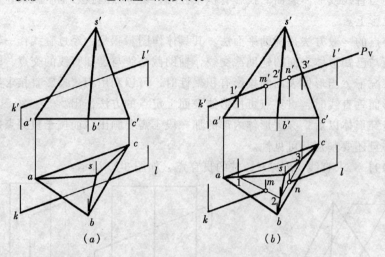

图 3-28 直线 KL 与三棱锥的贯穿点
(a) 已知；(b) 作图

【例 3-21】 求直线 AB 与圆柱的贯穿点，如图 3-29 所示。

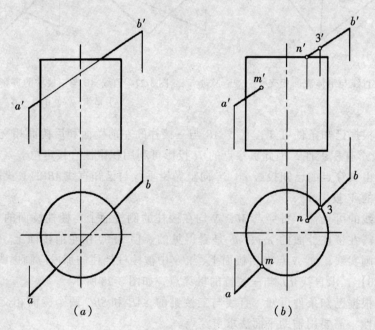

图 3-29 直线 AB 与圆柱的贯穿点
(a) 已知；(b) 作图

分析：从图中给出的直线和圆柱的位置可以看出，直线在左侧与圆柱面相交，其交点 m 积聚在水平投影的圆周上；而另一个交点是直线与圆柱的上底面相交，其交点 n' 在 V 投影中圆柱上底面的积聚投影上。

作图：

(1) 由交点的已知投影 m 向上作垂线与直线 AB 的 V 投影 a'b' 相交得 m'。
(2) 由交点的已知投影 n' 向下作垂线与 AB 直线的 H 投影 ab 相交得 n 点。直线的 H 投影与 V 投影均可见。

【例 3-22】 求水平线 AB 与圆锥的贯穿点，如图 3-30 所示。

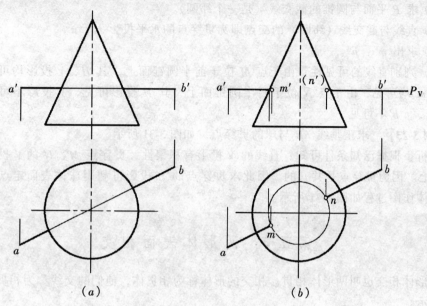

图 3-30 水平线 AB 与圆锥的贯穿点
(a) 已知；(b) 作图

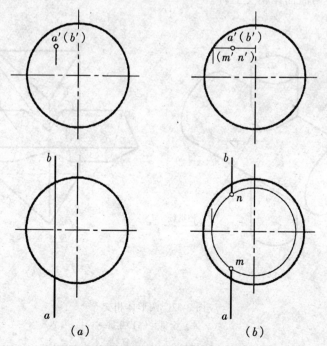

图 3-31 正垂线 AB 与球的贯穿点
(a) 已知；(b) 作图

分析：根据已知条件可知，直线和圆锥的 H 及 V 投影均没有积聚性，求贯穿点的投影可用辅助平面法。

作图：

(1) 过直线 AB 作辅助平面 P（图中 P 平面为水平面，与直线的 V 投影重合）。

(2) 求 P 平面与圆锥的截交线（是一个纬圆）。

(3) 直线与截交线（纬圆）的交点即为贯穿点的水平投影 m、n。

(4) 求出 m''、n''。

(5) 判别直线的可见性：由于点 M 位于前半圆锥面上，其 H、V 投影均可见，因此 am、$a'm'$ 均可见，由于点 N 位于后半圆锥面上，其 H 投影可见，V 投影不可见，因此 nb 可见，$n'b'$ 不可见。

【例 3-23】 求正垂线 AB 与球的贯穿点，如图 3-31 所示。

分析：根据已知条件可知，直线的 V 投影有积聚性，贯穿点 M、N 的 V 投影就积聚在 $a'b'$ 上。因为贯穿点是共有的，因此求贯穿点的 H 投影可利用球体表面定点的方法作出。具体作图过程如图 3-31 所示。

第五节　两形体表面相交

两形体相交也叫两形体相贯。相交的形体称为相贯体，他们的交线称为相贯线，如图 3-32 所示。

因形体分为平面体和曲面体两大类，所以两形体相交可分为：两平面体相交；平面体与曲面体相交；两曲面体相交三种。

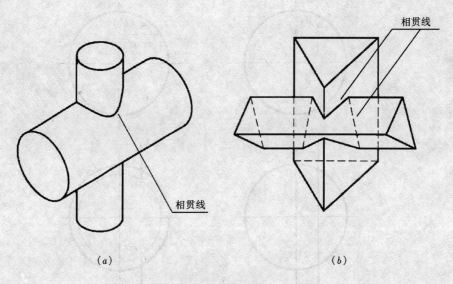

图 3-32　两形体相交
(a) 全贯；(b) 互贯

当两形体的相对位置不同时，相贯又可分为全贯和互贯两种。全贯是指一形体的表面全部与另一形体相交。互贯是指一形体的表面只有一部分与另一形体的一部分相交。

但是，任何两立体相交，其相贯线都具有以下两个基本特征：

1．共有性

相贯线是两形体表面的交线，也是两形体表面的分界线。因此相贯线的投影不得超出两形体的外形轮廓线。

2．封闭性

因形体都有一定的范围，相贯线一般由封闭的空间折线或空间曲线所围成。

当形体的表面形状、相对位置及其对投影面的相对位置不同时，求相贯线上共有点的方法也不相同。当给出的两个形体分别在两个投影面上有积聚性时，相贯线的相应投影就分别积聚在这两个形体的积聚投影上，这时相贯线的两个投影已知，可直接求第三投影；若只有一个形体的某个投影有积聚性时，相贯线的一个投影已知，其余两投影可直接利用在另一形体表面定点、定线的方法求出。若两形体的投影均无积聚性时，则采用辅助平面法求共有点，本书不涉及这个问题。

一、两平面体相交

两平面体的相贯线，一般为封闭的空间折线，特殊情况下，相贯线为平面折线。相贯线的每一折线段都是两平面体上某两个棱面的交线，而每一个折点都是一平面体的某条棱线与另一平面体的某个棱面的交点。因此，求两平面体的相贯线，实际上还是求直线与平面的交点以及求平面与平面的交线。求两平面体的相贯线，可采用以下两个基本方法：

（1）求出两平面体的有关棱面的交线，即组成相贯线；

（2）分别求出各平面体的有关棱线对另一个平面体棱面的交点即贯穿点，然后把位于一形体的同一棱面又位于另一形体的同一棱面上的两点，顺次连成直线，即组成相贯线。

求出相贯线后，还要判别可见性。判别原则是：只有位于两形体都可见的棱面上的交线才是可见的，只要有一个棱面不可见，面上的交线就不可见。

【例3-24】 求直立三棱柱与水平三棱柱的相贯线，如图3-33所示。

分析：由图3-33（a）可知，直立三棱柱的 H 投影有积聚性，所以相贯线的 H 投影必然积聚在直立三棱柱的 H 投影轮廓线上。同样，水平三棱柱的 W 投影有积聚性，相贯线的 W 投影必然积聚在水平三棱柱的 W 投影轮廓线上。这样只要求出相贯线的正面投影即可。

另外，从图中还可看出，水平三棱柱的 E 棱、F 棱和直立三棱柱的 B 棱参与相交，而每条棱线有两个交点，可见相贯线上共有六个折点。只要求出这些点，便可连成相贯线。

作图：

（1）在相贯线的已知投影上，用数字分别标出六个折点的投影 1、2、3、4、5、6 和 $1''$、$2''$、$3''$、$4''$、$5''$、$6''$。

（2）用线上定点的方法作出各折点的正面投影 $1'$、$2'$、$3'$、$4'$、$5'$、$6'$。

（3）按照连点原则，把 $1'6'2'4'5'3'1'$ 连成封闭的相贯线。

（4）判别可见性：在 V 投影中，参与相贯的部分，只有 EF 棱面为不可见，因此其上的 $1'3'$、$2'4'$ 不可见，应画虚线。其余均可见，一概画实线。

（5）补全投影：V 投影中，D 棱在最前方，不参与相贯，应全部画实线。E 棱和 F 棱与 AB 和 BC 棱面贯穿，应用实线画至相应的贯穿点。A 棱和 C 棱被水平三棱柱遮挡住的部分应画虚线。

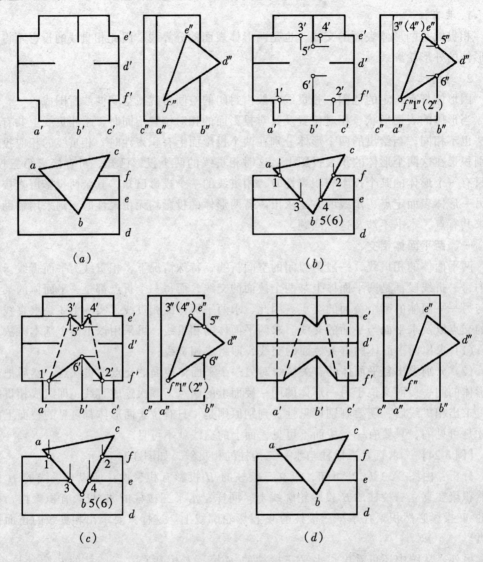

图 3-33 两个三棱柱的相贯线

【例 3-25】 求三棱锥与四棱柱的相贯线，如图 3-34 所示。

分析：根据已知条件可知，四棱柱的各棱面全部从三棱锥的 SAB 棱面穿入，从 SBC 棱面穿出，形成全贯。相贯线为两组平面折线，其 H 和 V 投影均成左右对称形。因四棱柱的 W 投影有积聚性，相贯线的 W 投影为已知，积聚在四棱柱的 W 投影上。因此，只需求相贯线的 H、V 投影。

四棱柱的 DE、FG 棱面为水平面，其 V 投影有积聚性，可利用他们的积聚性直接求出与三棱锥的 SAB 和 SBC 棱面的交线。

作图：

(1) 将四棱柱的水平棱面 DE 扩大为 P 面，求得 DE 棱面与三棱锥的两个棱面的交线 ⅠⅡ 和 ⅢⅣ；扩大水平棱面 FG 为 Q 面，求得 FG 棱面与三棱锥的两个棱面的交线 ⅤⅥ 和

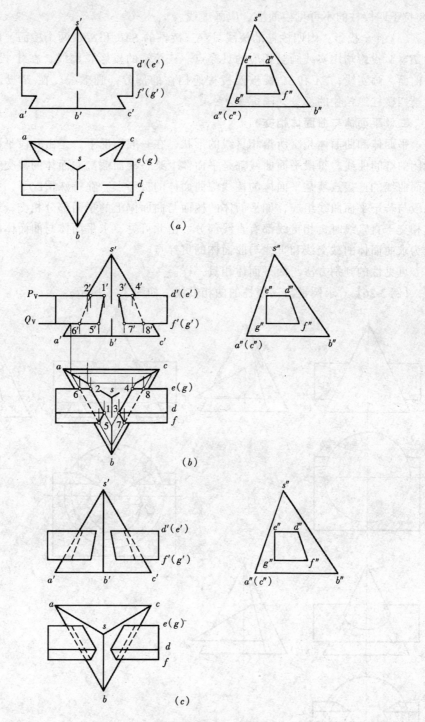

图 3-34 三棱锥与四棱柱的相贯线

ⅦⅧ。然后在 EG 棱面上连接ⅡⅥ和ⅣⅧ，在 DF 棱面上连接ⅠⅤ和ⅢⅦ，这样就可形成相贯线的全部作图。

(2) 判别可见性：H 投影中，除 FG 棱面不可见、EG 棱面有积聚性外，其余棱面均可见。所以相贯线的 H 投影中，只有 56 和 78 不可见，应画虚线。V 投影中，因 2'6'和

4′8′位于四棱柱的不可见棱面上,应画虚线。

(3) 补全投影:因四棱柱的棱线贯穿三棱锥的 SAB 和 SBC 两个棱面,四棱柱四条棱线的 H、V 投影均用实线画至相应的贯穿点。三棱锥的投影轮廓线,在 V 投影中,SB 棱在最前面,画实线;SA 和 SC 棱被四棱柱遮挡住的部分,画虚线。在 H 投影中,AB 和 BC 边被四棱柱遮挡住的部分,画虚线。

二、平面体与曲面体相交

平面体和曲面体相交所得相贯线的形状,在一般情况下,是由几段平面曲线所组成的封闭的空间曲线。每段平面曲线都是平面体上某一棱面截割曲面体的截交线,而相邻两段平面曲线的连接点就是平面体的棱线与曲面体的贯穿点。在特殊情况下,相贯线也可由直线段与若干平面曲线组成,如平面体的棱面与曲面体上的平面部分相交,或平面体与曲面体相交于直素线时,相贯线都有直线部分。由此可见,求平面体与曲面体的相贯线,可归结为求曲面体的截交线和直线与曲面体的贯穿点。

可见性的判别方法与两平面体相贯一样。

【例 3-26】 求圆锥与三棱柱的的相贯线,如图 3-35 所示。

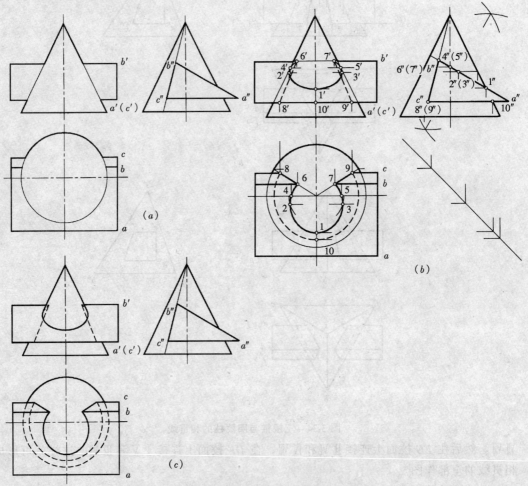

图 3-35 三棱柱与圆锥的相贯线

分析：根据已知条件可知，三棱柱的 A 棱不参与相贯，形成互贯，相贯线只有一组。三棱柱的 AB 棱面与圆锥面相交得部分椭圆；AC 棱面与圆锥面相交得部分圆弧；BC 棱面与圆锥面相交得直素线。他们的结合点就是三棱柱的 B、C 棱与圆锥的贯穿点。

三棱柱的 W 投影有积聚性，因此相贯线的 W 投影是已知的。可采用在圆锥体表面定点、定线的方法求相贯线的 H 及 V 投影。由图中还可看出，相贯线的 H 及 V 投影的形状都是左右对称的。

作图：

(1) 在 W 投影中，标出 1″、2″、3″、4″、5″、6″、7″、8″、9″、10″。其中 1″为椭圆长轴的一个端点，2″、3″为椭圆的短轴，4″、5″、10″为圆锥的轮廓素线上的点，6″、7″、8″、9″为三棱柱的棱线与圆锥的贯穿点。

(2) 用素线法或纬圆法求出 1、2、3、4、5、6、7、8、9、10 和 1′、2′、3′、4′、5′、6′、7′、8′、9′、10′。

(3) 将位于平面体同一表面的点连接，由棱线与圆锥的贯穿点（结合点）连接成封闭的相贯线。

(4) 判别可见性：在 H 投影中，只有 AC 棱面不可见，因此圆弧部分应画虚线，其余均为实线。在 V 投影中，前半圆锥面和 AB 棱面可见，因此 4′2′1′3′5′可见，应画实线，其余均为虚线。

(5) 补全投影：在 H 投影中，B、C 棱应用实线画至相应的贯穿点，圆锥底面被三棱柱遮挡住的部分画虚线。在 V 投影中，三棱柱的 B 棱与圆锥的贯穿点位于后半圆锥面上，因此应用虚线连至相应的贯穿点。圆锥的最左和最右轮廓素线与三棱柱的贯穿点位于可见的 AB 棱面上，因此应用实线将轮廓线连至相应的贯穿点。

【例 3-27】 求圆柱与四棱锥的相贯线，如图 3-36 所示。

分析：根据已知条件可知，圆柱的 H 投影有积聚性，因此相贯线的 H 投影为已知。相贯线由四棱锥的四个棱面截割圆柱面所得的四段椭圆弧组成，四棱锥的四条棱线与圆柱面的四个交点就是这些椭圆弧的结合点。

从图中还可以看出，相贯线的 H 投影前后、左右都对称，因此其 V 投影前后重合，由左右两段直线（为左右两段椭圆弧的积聚投影）和中间一段椭圆弧组成。作图时只需作出前半圆柱面的相贯线即可。

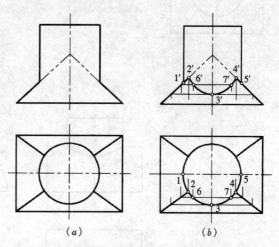

图 3-36 四棱锥与圆柱的相贯线

作图：

(1) 在 H 投影中标出点 1、2、3、4、5、6、7，其中，1、3、5 为圆柱轮廓素线上的点，2、4 为四棱锥棱线上的点，6、7 为一般点。

(2) 求出 1′、2′、3′、4′、5′、6′、7′。

(3) 将位于四棱锥同一棱面上的点连接，即组成相贯线。

(4) 由于相贯线的 V 投影前后重合，因此只需画实线。

三、两曲面体相交

两曲面体相交所得的相贯线，在一般情况下，是封闭的空间曲线，在特殊情况下，则为平面曲线。当两曲面体的表面都有平面部分并且相交时，相贯线还会出现直线段。

求两曲面体的相贯线，实质上是求出两曲面体上的若干共有点，然后依次以曲线光滑地连接而成。这些共有点是一个曲面体上的某些素线与另一曲面体表面的贯穿点。

为了能够控制所求相贯线的投影形状和范围，常根据两曲面体的相交情况，进行具体分析，作出一些特殊的共有点，简称特殊点。如一曲面体的外形轮廓素线与另一曲面体表面的贯穿点，它是相贯线与外形轮廓线的切点，有时还是相贯线的虚实分界点。除外形轮廓线上的点外，相贯线上还有最高点、最低点、最左点、最右点、最前点、最后点等。在作图时，应加以注意。

【例 3-28】 求直立圆柱与水平半圆柱的相贯线，如图 3-37 所示。

分析：根据已知条件可知，直立圆柱的 H 投影和水平半圆柱的 W 投影有积聚性，所

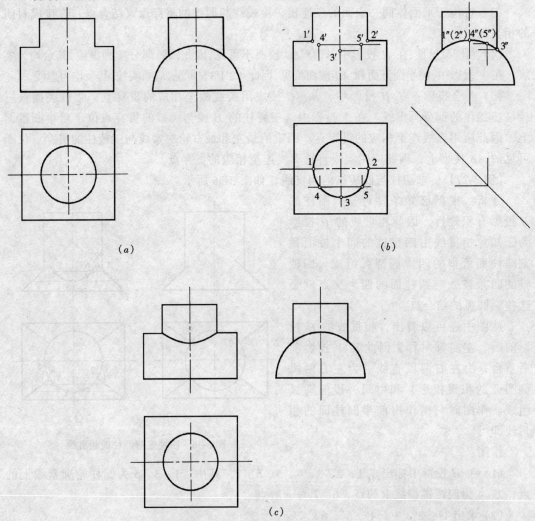

图 3-37 直立圆柱与水平半圆柱的相贯线

以相贯线的 H 投影积聚在直立圆柱的 H 投影上，相贯线的 W 投影积聚在水平半圆柱的 W 投影上，问题在于作出相贯线的 V 投影。

由图中还可以看出，相贯线前后、左右都对称，因此相贯线的 V 投影前后重合，所以只要作出前半部分的相贯线的 V 投影即可。

作图：

（1）在 H 投影中，标出点 1、2、3、4、5，并在 W 投影中找出相应的 $1''$、$2''$、$3''$、$4''$、$5''$。其中 1、2 是直立圆柱的最左、最右轮廓线与水平半圆柱的最上轮廓线的交点；3 是直立圆柱的最前轮廓线上的点；4、5 是一般点。

（2）根据点的"二补三"，求出 $1'$、$2'$、$3'$、$4'$、$5'$。

（3）将各点顺次地、光滑地连接起来即得相贯线的 V 投影。

（4）由于相贯线前后对称，只需画实线。

【例 3-29】 求圆柱和圆锥的相贯线，如图 3-38 所示。

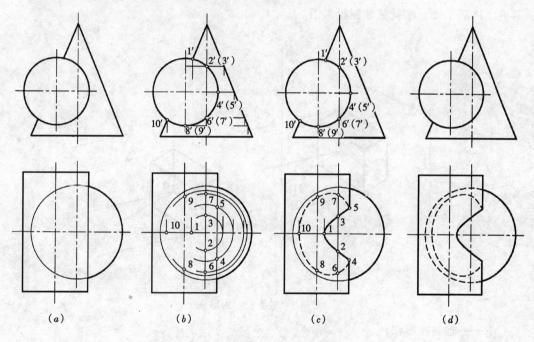

图 3-38 圆柱与圆锥的相贯线

分析：根据已知条件可知，圆柱垂直于 V 投影面，所以圆柱的 V 投影有积聚性。相贯线的 V 投影积聚在圆柱的 V 投影的圆周上。问题在于求出相贯线的 H 投影。

作图：

（1）在 V 投影中，标出点 $1'$、$2'$、$3'$、$4'$、$5'$、$6'$、$7'$、$8'$、$9'$、$10'$，其中 $1'$、$2'$、$3'$、$6'$、$7'$、$10'$ 是圆锥轮廓素线上的点；$4'$、$5'$、$8'$、$9'$ 是圆柱轮廓素线上的点。

（2）用素线法或纬圆法求出 1、2、3、4、5、6、7、8、9、10。

（3）将各点顺次地、光滑地连接起来即得相贯线的 H 投影。

（4）判别可见性：位于上半圆柱面上的 42135 可见，应画实线，其余画虚线。

（5）补全投影：圆锥的最右轮廓素线用实线连至相应的贯穿点；圆锥底面被圆柱遮挡的部分画虚线。

第四章 轴 测 投 影

第一节 基 本 概 念

一、轴测投影的形成

三面投影可以比较全面地表示空间物体的形状和大小。但是这种图立体感较差,有时不容易看懂。为了获得有立体感的投影图,可采用与物体的三个向度都不一致的投影方向(图4-1),将空间物体及确定其位置的直角坐标系一起平行投影于某一投影面上,便得到富有立体感的图。这就是轴测投影图。

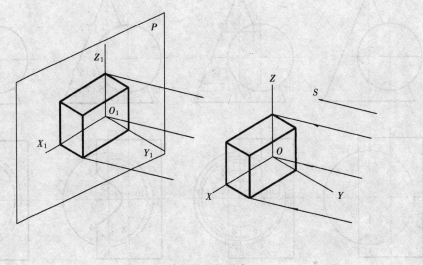

图 4-1 轴测投影的形成

P——轴测投影面;

S——投影方向;

OX、OY、OZ——空间直角坐标系;

O_1X_1、O_1Y_1、O_1Z_1——轴测投影轴,简称轴测轴;

$\angle X_1O_1Y_1$、$\angle X_1O_1Z_1$、$\angle Y_1O_1Z_1$——轴测轴之间的夹角,简称轴间角;

p、q、r——轴测投影轴与空间直角坐标系上各轴的单位长度之比,称轴向变形系数。

二、轴测投影的基本性质

空间互相平行的直线,它们的轴测投影依然互相平行。

空间互相平行的直线段长度之比,等于其轴测投影长度之比。

三、轴测投影的分类

轴测投影属于平行投影,当形体斜放,投射线与轴测投影面垂直时的投影为正轴测投影;当形体正放,投射线与轴测投影面倾斜时的投影为斜轴测投影。其中,正等测、斜二测投影,是工程上常用的轴测投影。工程上常用的几种轴测投影,都有其特有的变形系数和轴间角。轴测投影必须沿着轴测轴来测量。"轴测"两字的命名就是从这里来的,表示沿轴测量的意思。

第二节 正等轴测投影

一、轴间角与变形系数

正等轴测图三个轴间角都相等,并且等于120°(如图4-2)。一般规定把表示高向的轴 O_1Z_1 画成铅垂位置,则表示长向和宽向的两条轴 O_1X_1 和 O_1Y_1 必与水平线成30°角。这样就可以利用丁字尺配合三角板画出轴测轴。

正等轴测图的轴向比例都相等,即长度、宽度和高度均按同一个系数变形。经过解析几何的计算可得其变形系数为0.82。为了作图方便,常采用简化的轴向变形系数"1",即三个轴向变形系数均为1:1(这样画出来的图就相当于把物体放大了1.22倍。)

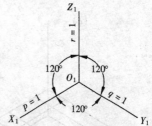

图4-2 正等轴测图的轴间角和轴向简化变形系数

因为我们采用的轴测轴,三个轴间角和三个轴向变形系数都相等,所以用它画出来的正轴测图又叫正等测图。

二、基本作图

绘制形体的轴测投影的步骤如下:

第一步,确定决定物体形状及位置的直角坐标原点及坐标轴的位置。

第二步,按拟采用某种轴测投影方法,画出轴测轴(将直角坐标变换为轴测坐标)。

第三步,按轴测投影的性质及形体与坐标的关系,作出形体的轴测图。

【例4-1】 已知基础的投影图,求作它的正等轴测图(图4-3)。

作图步骤如下:

(1) 先对基础进行形体分析。基础由棱柱和棱台组成。可先画棱柱,再画棱台。

(2) 画棱柱底面,先画轴测轴,然后把底面的长宽量取到轴测投影图中来,见图4-3(b)。

(3) 从底面各个顶点引铅垂线,并截取棱柱高度连各顶点,即得棱柱的正等测图,见图4-3(c)。

(4) 棱台下底面与棱柱顶面重合。棱台的侧面是一般线,其投影方向和伸缩率都未知,只能先画出它们的两个端点,然后连成斜线。作棱台顶面的四个顶点,可先画它们在棱柱顶面上的投影,即棱台四顶点在棱柱顶面(平行于 H 面)上的次投影,再竖高度,见图4-3(d)。

(5) 从已作出的四个交点(次投影)竖高度,得棱台顶面的四个顶点。连接四个顶点,得棱台的顶面,见图4-3(e)。这种根据一点的坐标,作出该点轴测图的方法,称为坐标法。

(6) 以直线连接棱台顶面和底面的对应顶点,作出棱台的侧棱,最后擦去不可见线及不需要的线,加深需要的图线,完成基础的正等测图。

【例4-2】 已知台阶的正投影图,完成其正等测图(图4-4)。

61

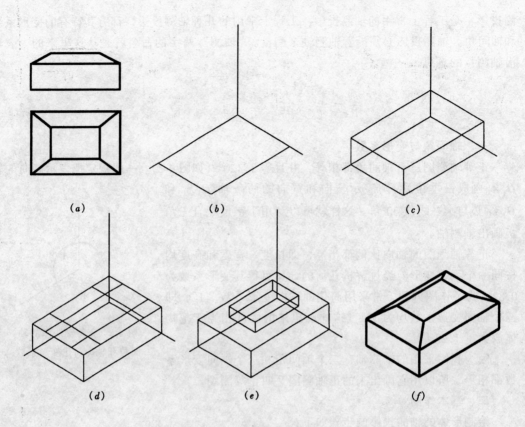

图 4-3 基础的正等轴测图

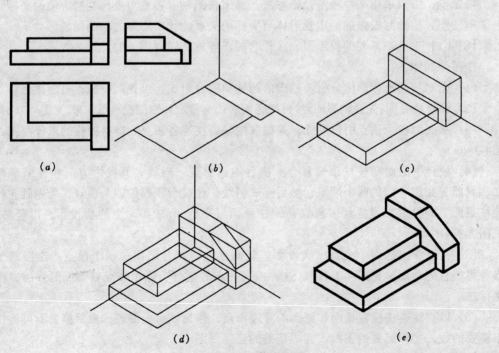

图 4-4 台阶的正等轴测图

作图步骤如下：

(1) 首先形体分析，由正投影图可以看出，该台阶由两个踏步和右侧的挡墙组成，踏步可看作由两个扁平的长方体叠加而成，挡墙则可看作是一个长方体被切去一块三棱柱而形成。因此，画踏步部分的轴测图时，可先画下部一个踏步，再把上面的踏步画上去，这种画法称叠加法。画挡墙时，可先画出完整长方体，再切去一部分而成，这种画法称切割法。

(2) 在正投影图上确定空间坐标的位置，本例可将坐标原点放在立体的右、后、下角，见图4-4(a)。

(3) 按要求或经选择确定绘制轴测图类别，如画正等测图则按正等测轴间角画出轴测轴，并按坐标关系利用简化变形系数画出该台阶水平正投影的轴测图（称水平次投影），见图4-4(b)。

(4) 根据正投影图的高度，画出左侧的第一个踏步及右侧完整挡墙的轴测图，见图4-4(c)。

(5) 在左侧第一个踏步上画出第二个踏步，并切去右挡墙的一部分，见图4-4(d)。

(6) 擦去不可见及不需要的图线，加深需要的图线，完成台阶的正等测图，见图4-4(e)。

第三节 斜轴测投影

一、轴间角与变形系数

把形体正放，向正面进行斜投影得到的投影叫正面斜轴测图。由于 XOZ 平行于正面，O_1X_1 与 O_1Z_1 成90°夹角。一般 O_1Z_1 成铅垂位置，$\angle Y_1O_1Z_1$ 随斜投影方向的改变而改变，一般选用 O_1Y_1 与 O_1X_1 成45°夹角（也可以30°或60°）。

轴向变形系数 $p = r = 1$，q 随斜投影的倾角不同而改变，为作图方便起见，常采用 $q = 0.5$。以这种轴间角和轴向变形系数所作的图称正面斜二测轴测图，简称斜二测。其轴间角与变形系数如图4-5所示。

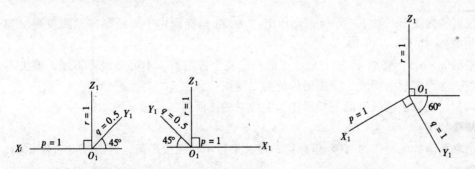

图4-5 正面斜二测的轴间角和轴向变形系数　　图4-6 水平斜等测的轴间角和轴向变形系数

如果我们把形体正放，向水平面进行斜投影，就得到水平斜轴测图。此时斜轴测轴的轴间角 $\angle X_1O_1Y_1 = 90°$，O_1X_1 和 O_1Y_1 轴向变形系数不改变（1:1），$\angle Y_1O_1Z_1$ 可以是任意角，但 O_1Z_1 习惯放成铅垂的位置，O_1Y_1 与水平线一般成30°、45°或60°角，O_1Z_1 轴向变形系数也取 1:1。在这种斜轴测图上，物体的所有水平面的形状和大小均保持不变，三个轴向变形系数全相等（都是 1:1），所以叫做水平斜等测图。其轴间角与变形系数如图 4-6 所示。

二、基本作图

【例 4-3】 已知一形体的正投影图，完成其斜二测图（图 4-7）。

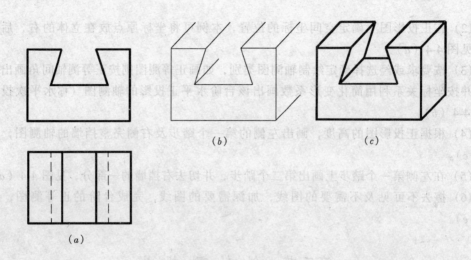

图 4-7 形体的斜二测图

作图步骤如下：

（1）由于在斜二测投影中，有一个坐标面平行于轴测投影面，因此空间物体上与坐标平面平行（或重合）的表面，其轴测投影形状不变。本例形体的前、后两端面互相平行，形状相同，加坐标轴时，可使前端面与坐标面 XOZ 重合，这样前、后端面的轴测投影形状不变。

（2）在正投影图上设坐标原点的位置及坐标轴，如图 4-7（a）。

（3）按斜二测图的轴间角，画出轴测轴，$\angle X_1O_1Z_1 = 90°$，设 $\angle Z_1O_1Y_1 = 45°$，如图 4-7（b）。

（4）根据轴向变形系数 $p = r = 1$，先作出 $X_1O_1Z_1$ 坐标面内平面图形的轴测投影（与正面投影相同），如图 4-7（b）。

（5）根据 $q = 0.5$，完成 Y_1 轴方向各点的投影及全部图形，不可见线可不画，擦去不需要的图线，加深需要的图线，完成形体的斜二测图，如图 4-7（c）。

【例 4-4】 已知涵洞洞身的正投影图，完成它的正面斜二测图（图 4-8）。

作图步骤如下：

（1）选取涵洞特征面作为 XOZ 坐标面，使其平行于轴测投影面，定出原点和坐标轴，见图 4-8（a）。

（2）画出轴测轴，O_1Y_1 采用向上方倾斜 45° 的方向。根据正立面图尺寸，先画反映实形的涵洞洞身前端面，见图 4-8（b）。

（3）画出后端面。后端面圆弧的圆心 O_2 是过前端面圆心 O_1，引平行于 O_1Y_1 轴的直线，O_1O_2 等于洞身宽度的一半。再过前端面每个转折点引平行于 O_1Y_1 轴的直线，与后

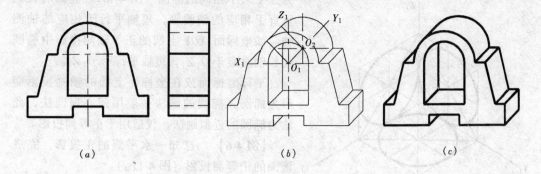

图 4-8 涵洞的斜二测图

端面对应的点相连,见图 4-8（b）。

(4) 擦去不需要的图线,加深需要的图线,完成涵洞洞身的正面斜二测图,见图 4-8（c）。

【例 4-5】 画出建筑形体的水平斜等测图（图 4-9）。

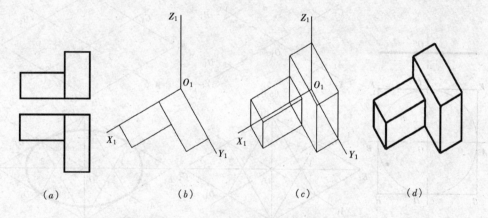

图 4-9 建筑形体的水平斜等测图

作图步骤如下：

(1) 在投影图上确定原点和坐标轴,如图 4-9（a）。

(2) 画轴测轴及建筑形体的平面图,因为 OX 与 OY 相互垂直,平面图在 XOY 坐标面上反映实形,如图 4-9（b）。

(3) 在平面图上直接立高,完成各顶面的轴测图,如图 4-9（c）。

(4) 擦去不需要的及不可见图线,加深需要的图线,完成建筑形体的水平斜等测图,如图 4-9（d）。

水平斜等测图常用来画建筑群体表现的鸟瞰图。

第四节 圆的轴测投影

一、圆的正等轴测图

由于三个坐标面与轴测投影面的倾角相等,三个坐标面上直径相等的圆,其轴测投影

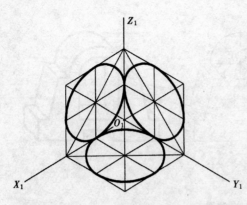

图 4-10 平行坐标面的圆的正等轴测图

为三个大小相同的椭圆（图 4-10）。椭圆的长轴垂直于相应的轴测轴，短轴平行于相应的轴测轴。如坐标面 XOY 上圆的正等轴测投影中椭圆的长轴垂直于 O_1Z_1，短轴平行于 O_1Z_1。

平行坐标面或在坐标面上圆的轴测投影变形为椭圆，椭圆的画法一般用四心扁圆法，此法为椭圆的近似画法，仅适用于正等测投影。

【例 4-6】 已知一水平圆的正投影，完成该圆的正等测投影（图 4-11a）。

作图步骤如下：

(1) 作 X 及 Y 轴的轴测轴 X_1 及 Y_1。在 X_1 轴上以 O_1 为圆心，截 $A_1B_1 = AB$，在 Y 轴上截 $C_1D_1 = CD$，$A_1B_1 = C_1D_1 =$ 圆的直径，见图 4-11（b）。

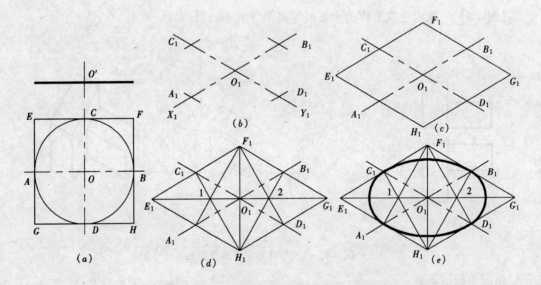

图 4-11 四心扁圆法画水平圆的正等轴测图

(2) 过 A_1、B_1 两点，作 C_1D_1 的平行线，过 C_1、D_1 两点，作 A_1B_1 的平行线，得菱形 $E_1F_1G_1H_1$，见图 4-11（c）。

(3) 连接 F_1A_1、H_1C_1，二者相交，得圆心 1。连接 F_1D_1、H_1B_1，二者相交，得圆心 2，见图 4-11（d）。

(4) 以 F_1、H_1 为圆心，F_1A_1、H_1B_1 为半径，分别作圆弧 A_1D_1 及 C_1B_1；以 1、2 为圆心，$1A_1$、$2B_1$ 为半径，分别作圆弧 A_1C_1 及 B_1D_1，即得近似椭圆，见图 4-11（e）。

【例 4-7】 已知圆柱的正投影，完成圆柱的正等测图（图 4-12）。

作图步骤如下：

(1) 画出轴测轴。

(2) 根据柱高定出上下底圆的圆心在轴测图中的位置，然后分别用四心圆法作出椭圆，见图 4-12（b）。

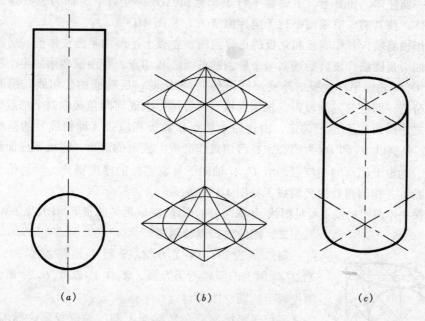

图 4-12 圆柱的正等轴测图

（3）画出两椭圆的公切线，擦去不需要的及不可见图线，加深需要的图线，完成圆柱的正等测图，见图 4-12（c）。

【例 4-8】 已知形体的三面投影图，作出它的正等测图（图 4-13）。

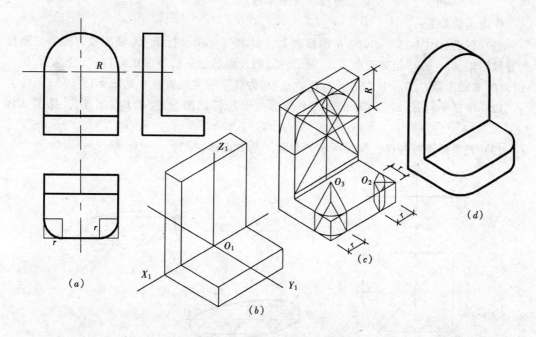

图 4-13 形体的正等轴测图

作图步骤如下：

（1）从所给投影图看出，该物体是由底板、立板两部分组成的。底板的两个圆角，均

67

为四分之一圆柱体,使其上、下底面平行于坐标面 XOY;立板下半部为长方体,上半部为半圆柱体,使其前、后端面平行于坐标面 XOY,见图4-13(a)。

(2) 作轴测轴,并作底板和立板的正等测图。立板上半部的半圆柱体前、后端面的半个椭圆用四心扁圆法作出(后端面半个椭圆的各圆心和切点,可由前端面的半个椭圆中相应点,沿 O_1Y_1 轴向平移立板的厚度尺寸得到),再作前、后椭圆的公切线。用四心扁圆法作出四分之一圆柱的轴测投影:根据底板(长方体)上底面两角截取四个切点,四个切点由四分之一圆角的半径 r 确定,由这四个切点作底板相应边(即切线)的垂线,交于 O_2 和 O_3。分别以 O_2 和 O_3 为圆心,在两切点作底板上底面的圆角;底板下底面圆角的圆心和切点,均由上底面的相应点,沿 O_1Z_1 轴向下量取底板的厚度得到,然后作出底板下底面的圆角,并作圆角处的公切线,见图4-13(b)。

(3) 擦去不需要的及不可见图线,加深需要的图线,完成形体的正等测图,见图4-13(c)。

二、圆的斜二测轴测图

斜二测投影,因 $X_1O_1Z_1$ 平行于轴测投影面,故圆在 $X_1O_1Z_1$ 面上的斜轴测仍为圆,$X_1O_1Y_1$ 及 $Y_1O_1Z_1$ 面上的斜轴测投影为椭圆(图4-14)。

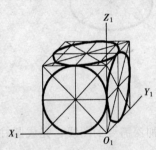

图4-14 平行坐标面的圆的斜二测图

平行于坐标面或在坐标面上圆的轴测投影,椭圆的画法,可用平行弦法。作出圆周平行弦上若干点的轴测投影,连接这些点形成椭圆。此法可运用于任何一种轴测投影法。

【例4-9】 已知一圆平面平行于 XOY 坐标面,完成它的斜二测投影(图4-15)。

作图步骤如下:

(1) 在已给图4-15(a)的 H 面投影上,引 EF、GH 平行于 OX 轴的弦,按斜二测投影作轴测轴 X_1、Y_1,相交于点 O_1。由于斜二测投影的 $p=1$,$q=0.5$。在 X 上截 $A_1B_1=AB$,在 Y 轴上截 $C_1D_1=0.5CD$,A_1B_1、C_1D_1 为椭圆的共轭直径,见图4-15(b)。

(2) 根据平行弦 EF、GH 的 X、Y 坐标,作其斜二测投影 E_1F_1、G_1H_1,见图4-15(c)。

(3) 光滑地连接各点,即为所求的椭圆,见图4-15(d)。

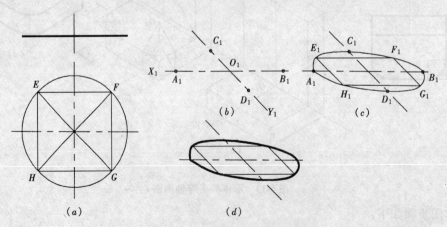

图4-15 平行弦法画水平圆的斜二测图

第五章 制图的基本知识

第一节 制图工具、仪器和用品

学习制图,首先要了解各种绘图工具和仪器的性能,熟练掌握它们正确的使用方法,才能保证绘图质量,加快绘图速度。下面介绍几种常用制图工具、仪器和用品的使用方法。

一、制图工具

1. 图板

图板是画图用来作垫板的,要求板面平整光洁,左面的硬木边为工作边(导边),必须保持平直,以便与丁字尺配合画出水平线。图板常用的规格有 0 号图板、1 号图板、2 号图板,分别适用于相应图号的图纸,四周还略有宽余(见图5-1)。

2. 丁字尺

丁字尺由相互垂直的尺头和尺身构成,见图 5-1。尺头的内侧边缘和尺身的工作边必须平直光滑。丁字尺是用来画水平线的。画线时左手把住尺头,使它始终贴住图板左边,然后上下推动,直至丁字尺工作边对准要画线的地方,再从左至右画出水平线。要记住:不得把丁字尺头靠在图板的右边、下边或上边画线,也不得用丁字尺的下边画线。

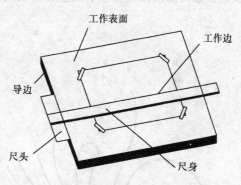

图 5-1 图板与丁字尺

3. 三角板

一副三角板有 30°×60°×90°和 45°×45°×90°两块。与丁字尺配合使用可以画出竖直线或 30°、45°、60°、15°、75°等的倾斜线。画线时先推丁字尺到线的下方,将三角板放在线的右方,并使它的一直角边靠贴在丁字尺的工作边上,然后移动三角板,直至另一直角边靠贴竖直线。再用左手轻轻按住丁字尺和三角板,右手持铅笔,自下而上画出竖直线。用丁字尺与三角板的画线方法见图5-2。

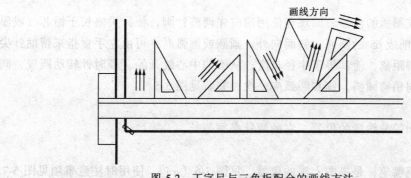

图 5-2 丁字尺与三角板配合的画线方法

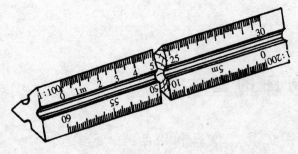

4. 比例尺

比例尺是刻有不同比例的直尺。绘图时不必通过计算，可以直接用它在图纸上量取物体的实际尺寸。常用的比例尺是在三个棱面上刻有六种比例的三棱尺。尺上刻度所注数字的单位为米（见图5-3）。

图 5-3 比例尺

5. 曲线板

曲线板是用来画非圆曲线的，其使用方法如图5-4所示。首先按相应作图法作出曲线上一些点；再用铅笔徒手把各点依次连成曲线；然后找出曲线板上与曲线相吻合的一段，画出该段曲线；最后同样找出下一段，注意前后两段应有一小段重合，曲线才显得圆滑。依次类推，直至画完全部曲线。

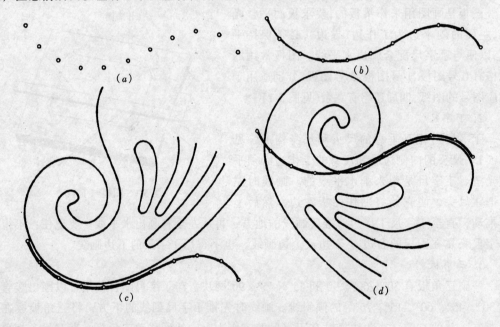

图 5-4 曲线板的用法

二、制图仪器

1. 圆规

圆规是画圆或圆弧的仪器。圆规在使用前应先调整针脚，使针尖略长于铅芯（或墨线笔头），铅芯应磨削成65°的斜面，斜面向外。画圆或圆弧时，可由左手食指来帮助针尖扎准圆心，调整两脚距离，使其等于半径长度；从圆的中心线开始，顺时针转动圆规，同时使圆规朝前进方向稍微倾斜，圆和圆弧应一次画完。见图5-5。

2. 分规

分规是截量和等分线段的仪器。它的两针必须等长。

3. 直线笔

直线笔又叫鸭嘴笔，是描图上墨的仪器［见图5-6（a）］。使用时注意事项见图5-7。

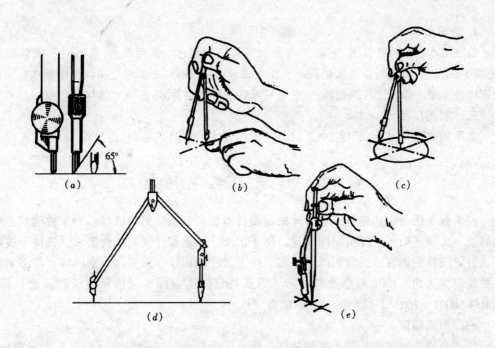

图 5-5 圆规的使用方法

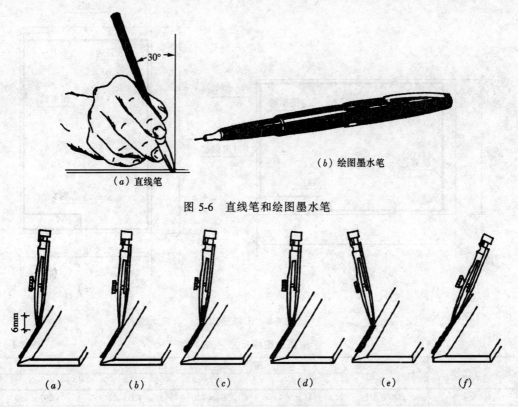

(b) 绘图墨水笔

(a) 直线笔

图 5-6 直线笔和绘图墨水笔

图 5-7 直线笔使用时应注意的问题
(a) 适当；(b) 墨水过少；(c) 墨水过多；(d) 适当；(e) 笔杆外倾；(f) 笔杆内倾

4．绘图墨水笔

绘图墨水笔又叫针管笔，它能像普通钢笔那样吸墨水、储存墨水，描图时不需频频加墨[见图5-6(b)]。管尖的管径从0.1mm到1.0mm，有多种规格，视要求选用。绘图墨水笔使用和携带均较方便。必须注意的是，每一支笔只可画一种线宽，用后洗净才能存放盒内。

三、制图用品

常用的制图用品有：铅笔、小刀、橡皮、绘图墨水、胶带纸、毛刷、建筑模板、擦线板等。

第二节 建筑工程制图标准

建筑施工图是表达建筑工程设计的重要技术资料，是施工的依据。为了使建筑工程图能够统一，清晰明了，提高制图质量，便于识读，满足设计和施工的要求，又便于技术交流，对于图样的画法、图线的线型线宽、图上尺寸的标注、图例以及字体等，都必须有统一的规定。为此，2001年建设部颁布了重新修订的国家标准《房屋建筑制图统一标准》（GB/T 50001—2001），供全国有关单位遵照执行。

一、图纸幅面

为了合理使用图纸和便于管理装订，所有图纸幅面，必须符合《建筑工程制图标准》的规定，见表5-1。尺寸代号的含义见图5-8。

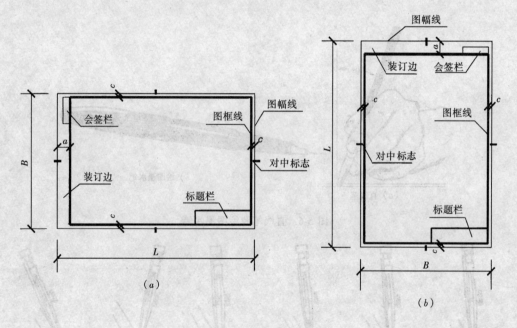

图 5-8 图幅格式

图幅及图框尺寸（mm） 表 5-1

尺寸代号	图 纸 幅 面				
	A0	A1	A2	A3	A4
L×B	1189×841	841×594	594×420	420×297	297×210
c		10		5	
a	25				

从上表中可以看出 A1 号图纸是 A0 号图纸的对折，A2 号图纸是 A1 号图纸的对折，其他依次类推。

二、图纸标题栏和会签栏

工程图纸应有工程名称、图名、图号、设计号及设计人、绘图人、审批人的签名和日期等，把这些集中列表放在图纸的右下角，称为图纸标题栏，简称图标。其大小及格式如图 5-9（a）。一般学校的制图作业可采用图 5-9（b）所示格式。

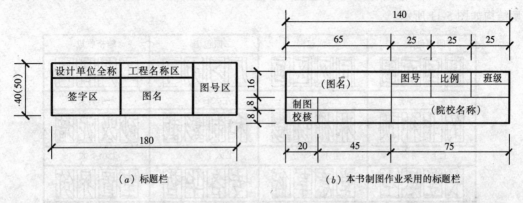

图 5-9　标题栏格式

会签栏是为各工种负责人签字用的表格，放在图纸左侧上方的图框线外，见图 5-10，制图作业不用会签栏。

三、字体

工程图纸常用文字有汉字、数字、字母，书写时必须做到排列整齐、字体端正、笔画清晰、注意起落。

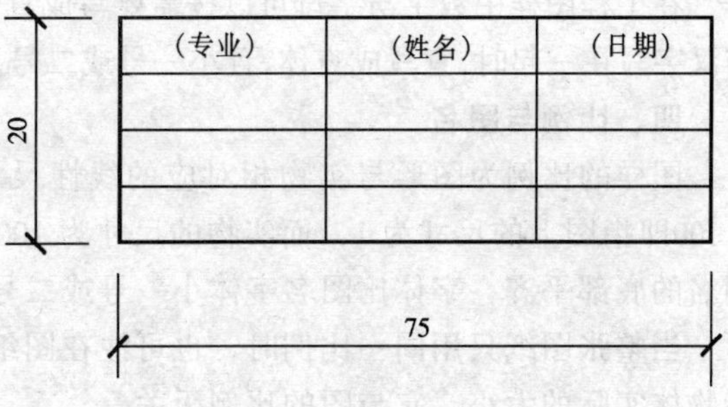

工程图样中字体的高度即为字号，其系列规定为 2.5、3.5、5、7、10、14、20mm，字体的宽度即为小一号字的高度。汉字的字体，应写成长仿宋体。其字高和字宽的关系见表 5-2。书写汉字的高度应不小于 3.5mm，数字的高度应不小于 2.5mm。

图 5-10　会签栏

工程图汉字字号（mm）　　　　　表 5-2

字号（字高）	2.5	3.5	5	7	10	14	20
字宽	1.8	2.5	3.5	5	7	10	14

1．长仿宋体的基本笔画

长仿宋体的基本笔画见表 5-3。

汉　字　笔　画　　　　　表 5-3

名称	横	竖	撇	捺	挑	点	钩
形状	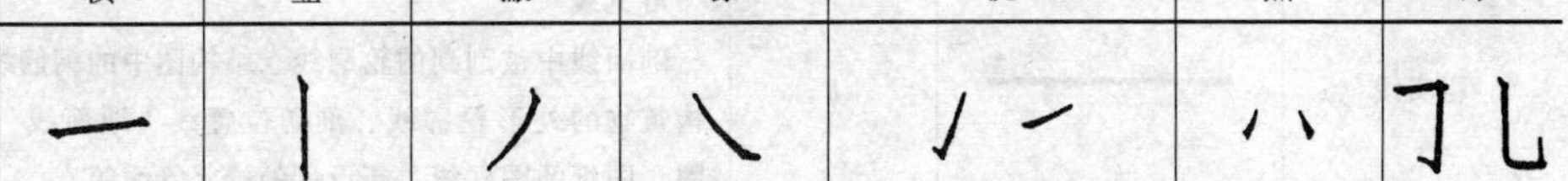 一	丨	丿	㇏	㇀	丶	乚

续表

名称	横	竖	撇	捺	挑	点	钩
笔法	 一	丨	丿	乀	⼁	⺀	乚

长仿宋体的书写要领为：横平竖直、注意起落、结构匀称、填满方格。长仿宋体的字型结构如图 5-11 所示。

四面包围	三面包围	二面包围	缩格收进
圆国面圈	同网区画	厂习力可	工月目口
左右二等分	左右三等分	左大右小	左小右大
的非种预	淋棚铆膨	和制影截	砂吸泥墙
上下二等分	上下二等分	上大下小	上小下大
长竖思空	堂意草篮	专各华哲	室置界筑

图 5-11　长仿宋体的字形结构

2. 数字与字母

在工程图样中数字与字母可以按需要写成直体或斜体，一般书写可采用 75°斜体字。数字与汉字写在一起时，宜写成直体，且小一号或二号。数字与字母的一般字体见图 5-12。

四、比例与图名

图样的比例为图形与实物相对应的线性尺寸之比。比例的大小是指比值的大小。如 1:100 即指图上的尺寸为 1，而实物的尺寸为 100。比例的书写位置应在图名的右下侧并与图名的底部平齐，字体比图名字体小一号或二号。

当整张图纸只用同一比例时，也可注在图纸标题栏内。应当注意，图中所注的尺寸是指物体实际的大小，它与图的比例无关。

五、图线

1. 图线的种类

在绘制工程图时，为了表示出图中不同的内容，并且能够分清主次，常采用不同粗细的图线。基本线型有实线、虚线、点划线、折断线、波浪线等。随用途不同采用不同粗细的图线，其线宽互成一定的比例，即粗线、中线、细线三种线宽之比为 $b:0.5b:0.35b$。各种图线的名称、线型、线宽及一般用途见表 5-4。

图线的线型和宽度　　　　表 5-4

名　称	线　型	线宽	一　般　用　途
粗实线	———	b	可见线 剖面线中被剖到的轮廓线、结构图中的钢筋线、建筑物或构筑物的外形轮廓线、剖切位置线、地面线、详图符号圆圈、图纸的图框线、新设计的给水管线等

续表

名 称	线 型	线宽	一 般 用 途
中等粗的实线	————	0.5b	可见线 剖面图中未被剖到但仍能看到而需要画出的轮廓线、标注尺寸的尺寸起止45°短线、原有的各种给水管线或循环水管线
细实线	————	0.35b	尺寸界线、尺寸线、材料图例线、索引符号的圆圈、引出线、标高符号线、重合断面的轮廓线、较小图形的中心线等
中等粗的虚线	- - - - -	0.5b	需要画出的看不见的轮廓线、建筑平面图中运输装置的外轮廓线、原有的排水线、拟扩建的建筑工程轮廓线等
粗虚线	— — — —	b	新设计的各种排水管线、总平面及运输图中的地下建筑物或构筑物
细点划线	—·—·—	0.35b	中心线、对称线、定位轴线
细双点划线	—··—··—	0.35b	假想轮廓线、成型以前的原始轮廓线
粗点划线	—·—·—	b	结构图中梁或构架的位置线、建筑图中的吊车轨道线、其他特殊构件的位置线
折断线	~~~~	0.35b	不需要画全的断开界线
波浪线	~~~~	0.35b	不需要画全的断开界线、构造层次的断开界线
加粗的粗实线	━━━━	1.4b	需要画上更粗的图线如建筑物或构筑物的地面线、剖切平面位置线的线段等

ABCDEFGHIJKLMN
OPQRSTUVWXYZ
ABCDEFGHIJKLMN
OPQRSTUVWXYZ
abcdefghijklmn
opqrstuvwxyz
abcdefghijklmn
opqrstuvwxyz

1234567890   *1234567890αβγ*

图 5-12　数字与字母

各种线型的应用如图 5-13 所示。

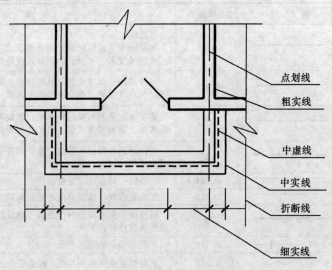

图 5-13　各种线型的应用

2．图线的画法

同一张图纸上各类线型的线宽应保持一致。实线的接头应准确，不可偏离或超出；当虚线位于实线的延长线时，相接处应留有空隙；虚线与实线相接时，应以虚线的线段部分与实线相接；两虚线相交接时，应以两虚线的线段部分相交接；点划线与点划线，或点划线与其他图线相交时，应交于点划线的线段上。绘制圆或圆弧的中心线时，圆心应为线段的交点，且中心线两端应超出圆弧 2~3mm。当图形较小，画点划线有困难时，可用细实线代替（见图5-14）。

图 5-14　各种线型的连接方法

六、尺寸注法

用图线画出的图样只能表达物体的形状，必须标注尺寸才能确定其大小。尺寸是施工的依据。尺寸主要由尺寸线、尺寸界线、尺寸起止符号、尺寸数字四要素组成，如图5-15所示。

1．尺寸注法的四要素

（1）尺寸线——细实线，必须与所注的图形线平行。

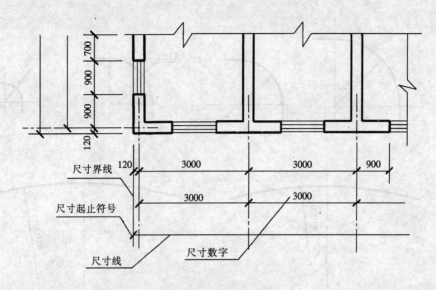

图 5-15 尺寸的组成

(2) 尺寸界线——细实线,一般与尺寸线相垂直。

(3) 尺寸起止符号——在尺寸起止点处画一中粗斜短线,其倾斜方向应以尺寸界线为基准,顺时针成 45°,长度宜为 2~3mm。半径、直径、角度和弧长的尺寸起止符号用箭头表示,如图 5-16 所示。

(4) 尺寸数字——常书写成 75°斜体字,数字的高一般 3.5mm,最小不得小于 2.5mm,全图一致;尺寸数字的读数方向如图 5-17 所示,尺寸数字必须依据读数方向注写在尺寸线的上方中部;当尺寸界线的间隔太小,注写尺寸数字的地位不够时,最外边的尺寸数字可以注写在尺寸界线的外侧,中间的尺寸数字可与相邻的数字错开注写,必要时也可以引出注写,如图 5-18 所示。

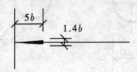

图 5-16 尺寸箭头的形式及大小

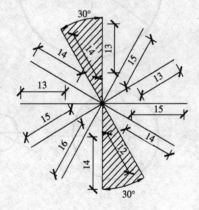

图 5-17 尺寸数字的注写方向

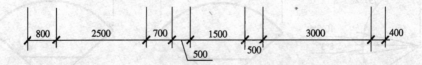

图 5-18 尺寸界线较密时尺寸标注形式举例

2. 半径、直径、球、角度、弧长、弦长的尺寸注法

半径的尺寸线必须从圆心画起或对准圆心,另一端画箭头,半径数字前加"R"。直径的尺寸线则通过圆心或对准圆心,尺寸起止符号用箭头表示,直径数字前加"ϕ"。球的半径或直径的尺寸标注须在 R 或 ϕ 前加上 S。如"SR"、"Sϕ"。如图 5-19 所示。

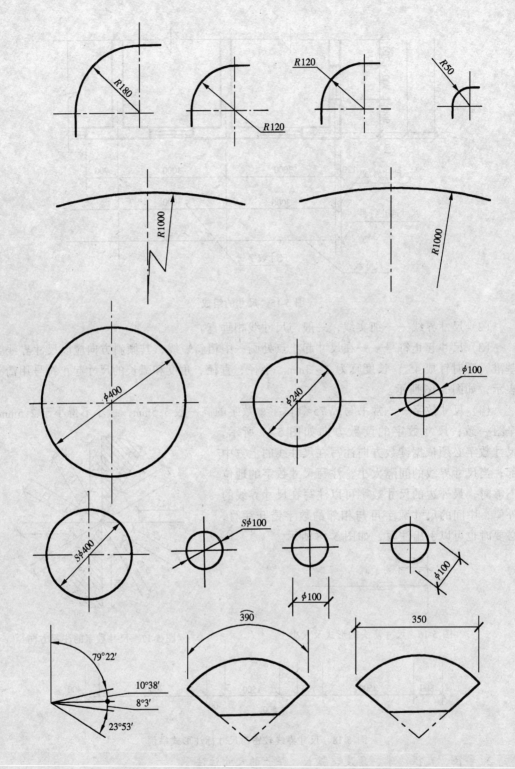

图 5-19 半径、直径、球、角度、弧长、弦长的尺寸标注

3. 角度、弧长、弦长的尺寸注法

角度的尺寸线是以角的顶点为圆心的圆弧线,角度的两边为尺寸界线,尺寸起止符号

用箭头；角度数字一律水平书写。角度、弧长、弦长的尺寸注法如图5-19所示。

4．其他尺寸注法举例

（1）标注坡度时，应沿坡度画出指向下坡的箭头，在箭头的一侧或下端注写尺寸数字（百分比、比例、小数均可）如图5-20所示。

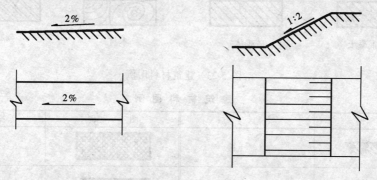

图5-20　坡度的尺寸标注

（2）对于较多相等间距的连续尺寸，可以标注成乘积的形式，如图5-21楼梯平面图中梯段部分 $9 \times 280 = 2520$ 的注法。

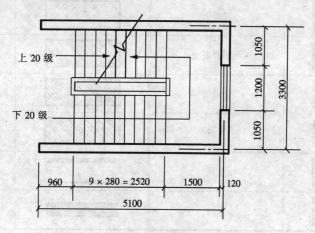

图5-21　有许多连续等间距的尺寸标注

（3）对于屋架、钢筋以及管线等的单线图，可把尺寸数字相应地沿着杆件或线路的一侧来注写，如图5-22所示。尺寸数字的读数方向则符合前述规则。

七、建筑材料图例

建筑物或构筑物按比例绘制在图纸上，对于一些建筑细部往往不能如实画出，而用图例来表示。同时，在建筑工程图中也采用一些图例来表示建筑材料。图5-23选列了一些常用的建筑材料断面图例，其他材料图例见表5-5。

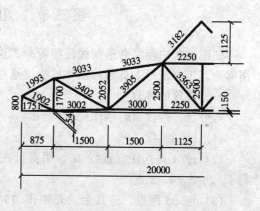

图5-22　桁架式结构的尺寸标注方法

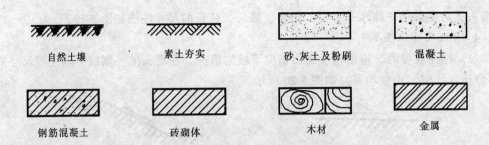

图 5-23 建筑材料图例

建筑材料图例　　　　　　　　　　　　表 5-5

图　例	名　称	图　例	名　称
	自然土壤		多孔材料
	素土夯实		空心砖
	砂、灰土及粉刷		饰面砖
	混凝土		石膏板
	钢筋混凝土		橡胶
	普通砖		耐火砖
	木材		塑料
	金属		防水材料
	石材		玻璃

第三节　几何作图

制图过程中经常会遇到线段的等分、正多边形的画法、圆弧连接、椭圆画法等几何作图问题，工程技术人员必须熟练地掌握这些几何作图的方法。现介绍如下：

一、线段的等分

等分已知线段 AB，如图 5-24 所示。

(1) 已知线段 AB。

(2) 过 A 点作任意直线 AC，用直尺在 AC 上截取所要求的等分数（本例为五等分），得 1、2、3、4、5 点。

(3) 连 B5 两点，过其余点分别作 B5 的平行线，它们与 AB 的交点就是所要求的等分点。

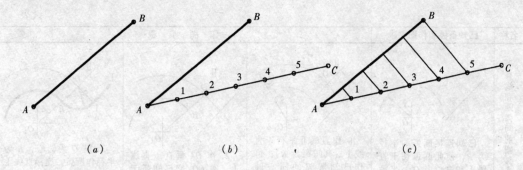

图 5-24　等分已知线段 AB

二、作已知圆的内接正五边形

作已知圆的内接正五边形，如图 5-25 所示。

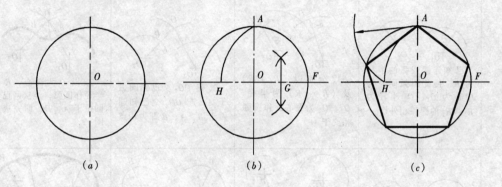

图 5-25　作已知圆的内接正五边形

(1) 已知圆 O

(2) 作半径 OF 的等分点 G，以 G 为圆心，以 GA 为半径作圆弧，交直径于 H。

(3) 以 AH 为半径，分圆周为五等分。顺次连各等分点，即为所求。

三、圆弧连接

圆弧连接，实际上就是圆弧与直线以及不同圆弧之间连接的问题。作图时，可根据已知条件，准确地求出连接圆弧的圆心位置，以及连接圆弧与已知圆弧或直线平滑过渡的连接点（切点）的位置。两圆弧间的圆弧连接，若连接点在已知圆弧的圆心与连接圆弧的圆心的连线上，称为外切；若在这延长线上，则称为内切。

不同的圆弧连接举例见表 5-6。

圆 弧 连 接　　　　表 5-6

名称	已知条件和作图要求	作 图 步 骤		
两直线间的圆弧连接	已知连接圆弧的半径为 R，使此圆弧切于相交两直线Ⅰ、Ⅱ	1. 在直线Ⅰ和Ⅱ上分别任取 a 及 b 点，自 a、b 作 a、a′垂直于直线Ⅰ，bb′垂直于直线Ⅱ，并使 aa′= bb′= R	2. 过 a′及 b′分别作直线Ⅰ、Ⅱ的平行线。两直线相交于 O；自 O 作 OA 垂直于直线Ⅰ，作 OB 垂直于直线Ⅱ，A、B 即为切点	3. 以 O 为圆心，R 为半径作圆弧，连接两直线于 A、B，即完成作图

名称	已知条件和作图要求	作图步骤		
直线和圆弧间的圆弧连接	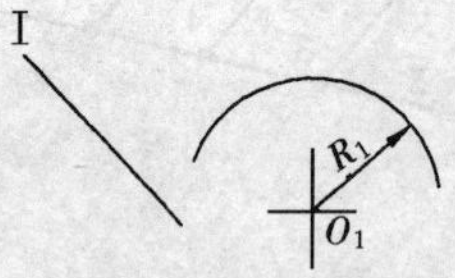 已知连接圆弧的半径为 R，使此圆弧切于直线Ⅰ和中心为 O_1，半径为 R_1 的圆弧相外切	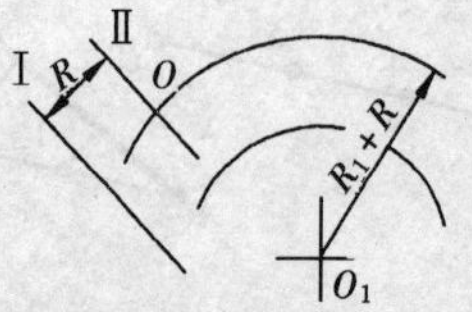 1. 作直线Ⅱ平行于直线Ⅰ（其间距为 R）；再作已知圆弧的同心圆（半径为 R_1+R，与直线Ⅱ相交于 O）	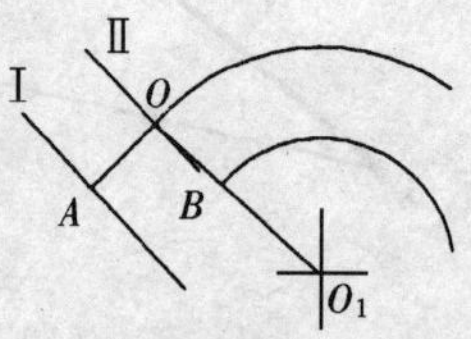 2. 作 OA 垂直于直线Ⅰ；连 OO_1 交已知圆弧于 B，A、B 即为切点	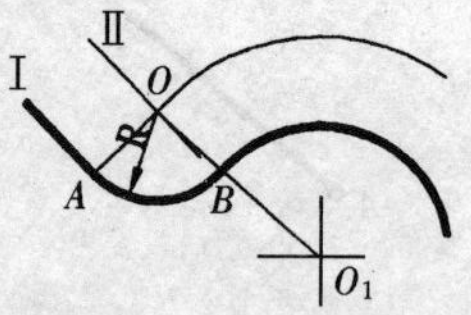 3. 以 O 为圆心，R 为半径作圆弧，连接直线Ⅰ和圆弧 O_1 于 A、B，即完成作图
两圆弧间的圆弧连接	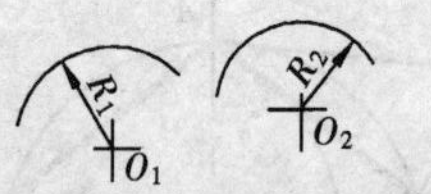 已知连接圆弧的半径为 R，使此圆弧同时与中心为 O_1、O_2 半径为 R_1、R_2 的圆弧相外切	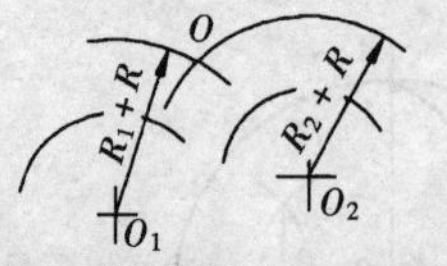 1. 分别以（R_1+R）及（R_2+R）为半径、O_1、O_2 为圆心，作圆弧相交于 O	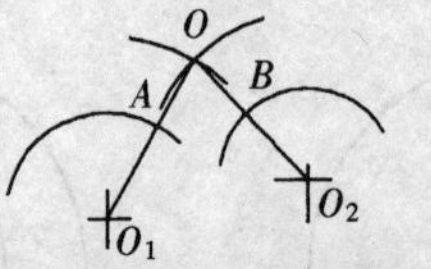 2. 连 OO_1 交已知圆弧于 A；连 OO_2 交已知圆弧于 B，A、B 即为切点	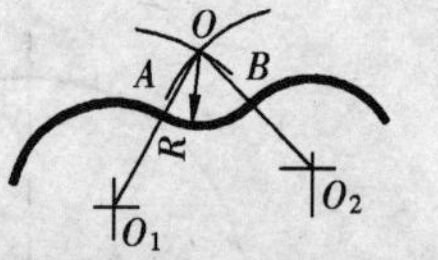 3. 以 O 为圆心、R 为半径作圆弧，连接两已知圆弧于 A、B，即完成作图
	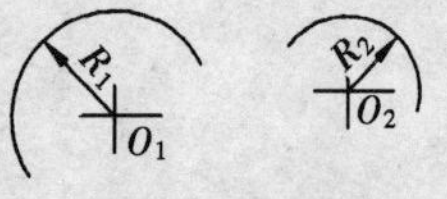 已知连接圆弧的半径为 R，使此圆弧同时与中心为 O_1、O_2 半径为 R_1、R_2 的圆弧相内切	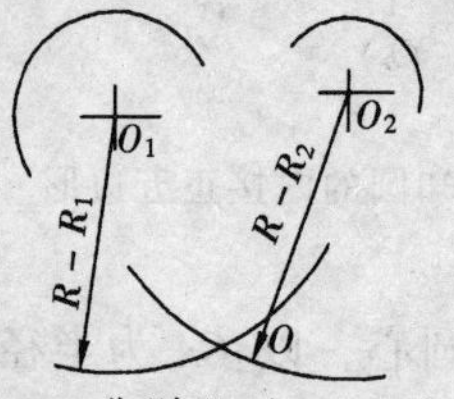 1. 分别以（$R-R_1$）及（$R-R_2$）为半径、O_1、O_2 为圆心，作圆弧相交于 O	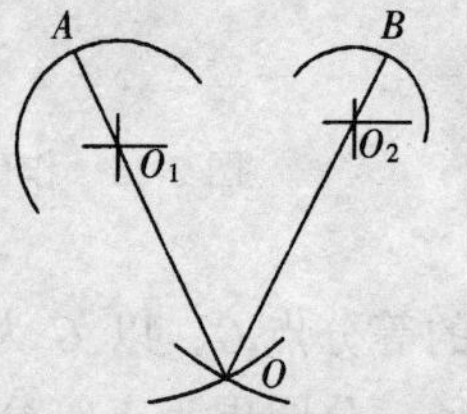 2. 连 OO_1 交已知圆弧于 A，连 OO_2 交已知圆弧于 B，A、B 即为切点	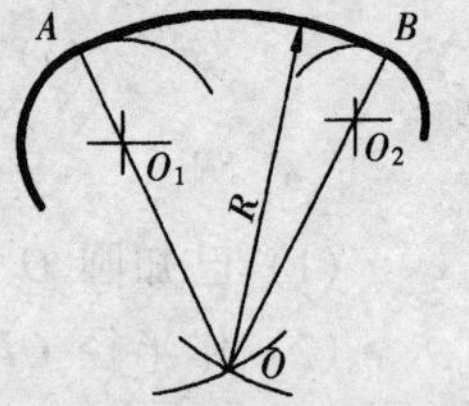 3. 以 O 为圆心、R 为半径作圆弧，连接两已知圆弧于 A、B，即完成作图
	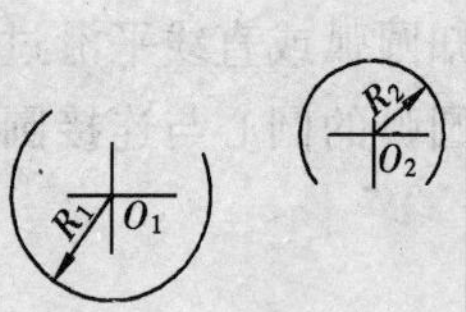 已知连接圆弧的半径为 R，使此圆弧同时与中心为 O_1、半径为 R_1 的圆弧内切，与中心为 O_2 半径为 R_2 的圆弧外切	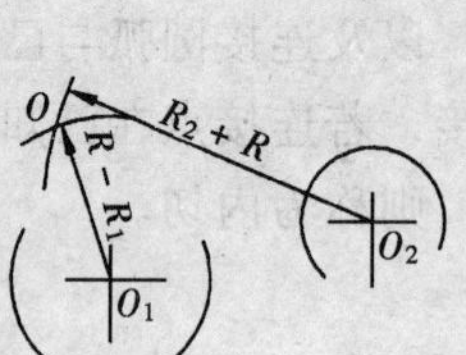 1. 分别以（$R-R_1$）及（R_2+R）为半径、O_1、O_2 为圆心，作圆弧相交于 O	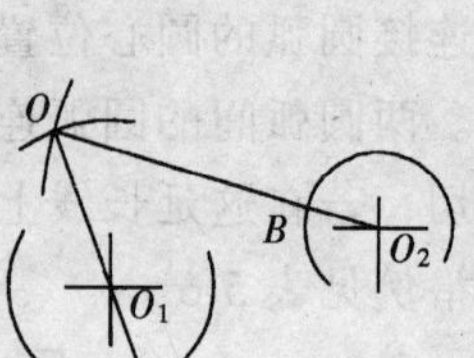 2. 连 OO_1 交已知圆弧于 A；连 OO_2 交已知圆弧于 B，A、B 即为切点	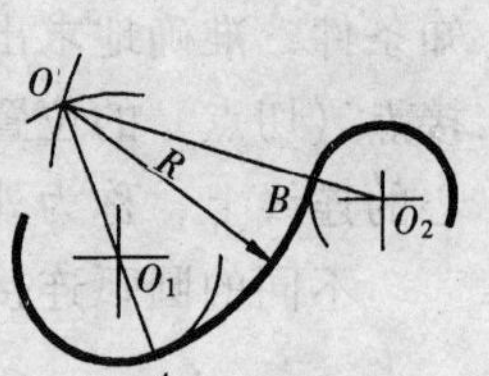 3. 以 O 为圆心，R 为半径作圆弧，连接两已知圆弧于 A、B，即完成作图

四、椭圆画法

1. 同心圆法作椭圆

同心圆法作椭圆如图 5-26 所示。

(a) 已知椭圆的长轴 AB 和短轴 CD。

(b) 分别以 AB 和 CD 为直径作大小两圆，并等分两圆周为若干分，例如十二等分。

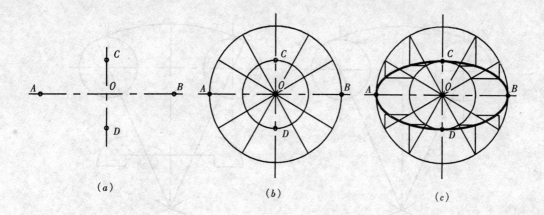

图 5-26 同心圆法作椭圆

(c) 从大圆各等分点作竖直线，与过小圆的各对应等分点所作的水平线相交，得椭圆上各点。用曲线板连接起来，即为所求。

2．四心圆弧法作近似椭圆

四心圆弧法作近似椭圆如图 5-27 所示。

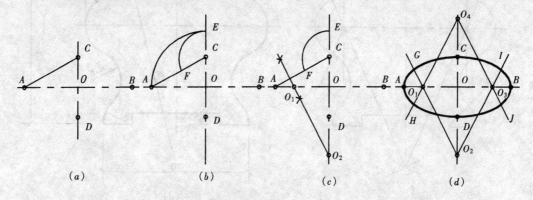

图 5-27 四心圆弧法作近似椭圆

(a) 已知椭圆的长短轴 AB、CD，连接 AC。

(b) 以 O 为圆心，OA 为半径，作圆弧交 CD 延长线于 E。以 C 为圆心，CE 为半径作圆弧交 CA 于点 F。

(c) 作 AF 的垂直平分线，交长轴于 O_1，又交短轴（或其延长线）于 O_2。在 AB 上截 $OO_3 = OO_1$，又在延长线上截 $OO_4 = OO_2$。

(d) 以 O_1、O_2、O_3、O_4 为圆心，O_1A、O_2C、O_3B、O_4D为半径作圆弧，使各弧在 O_2O_1、O_2O_3、O_4O_1、O_4O_3 的延长线上的 G、I、H、J 四点处连接。

五、平面图形的绘图步骤

平面图形由直线线段、曲线线段或直线线段与曲线线段共同构成。曲线线段以圆弧为最多。画图之前，要对图形各线段进行分析，明确每一段的形状、大小和相对位置，然后分段画出，最后完成整个图形的作图。现以把手为例加以说明；如图 5-28。

其一，认真分析图形和所标注的尺寸，明确哪些是可以直接作图的直线和圆弧，哪些是连接圆弧。

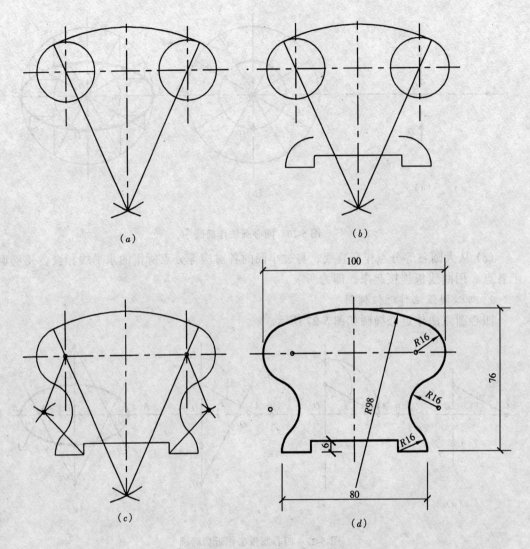

图 5-28 平面图形的绘图步骤

其二,在图面上确定图形的基准线或对称线、中心线、轴线的位置,并定出图形上的定位点或定位直线。

其三,按要求作出已知线段和圆弧。

其四,用几何作图求出连接圆弧。

其五,按线型要求加深图线。

其六,标注尺寸。

第六章 投 影 制 图

本章主要讲述组合体的投影图的画法、读法及尺寸注法，这将在制图的基本知识与技能、画法几何与专业制图之间架起一座承上启下的桥梁。

在工程制图中，常以观察者处于无限远处的视线来代替画法几何中正投影的投影线，将工程形体向投影面作正投影，所得的图形称为视图。因此，工程制图中的视图，就是画法几何中的正投影图。如将形体的三面投影图称三面视图或三视图。

第一节 形体的表示方法

一、六面投影图（六面视图）

在画法几何中，为了表达形体的形状和大小，我们建立了三投影面体系。在工程制图中，对于比较复杂的工程形体，仅绘制三面投影图还不能完整和清楚地表达其形状和大小时，则需要增加新的投影面，绘出新的投影图来表达。

对于某些形体，要得到从物体的下方、背后和右侧观看时的投影图。为此，再增设三个分别平行于 H、V、W 面的新投影面 H_1、V_1、W_1，从而得到六投影面体系。将形体置于其中，分别向六个投影面作正投影，其中 V 面保持不动，将其余投影面按规定展开到 V 面所在的平面上，便得到形体的六面投影图，称为基本投影图，如图6-1所示。

在工程制图中，把 H 投影称为平面图、V 投影称为正立面图、W 投影称为左侧立

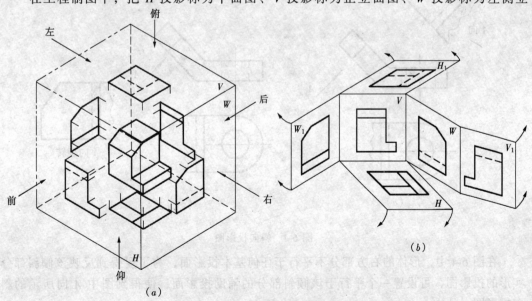

图6-1 六面投影图的形成及展开

面图、W_1 称为右侧立面图、V_1 称为背立面图、H_1 称为底面图。其中平面图相当于观看者面对 H 面，从上向下观看形体所得的投影图；正立面图是面对 V 面从前向后观看时所得的投影图；左侧立面图是面对 W 面从左向右观看时所得的投影图；而从右向左、从后向前、从下向上观看时所得的投影图分别是右侧立面图、背立面图和底面图。六个基本投影图的排列位置是一定的，当按规定位置摆放投影图时，图名可省略不标，如图 6-2 所示。

如受图幅限制，投影图不能按规定位置摆放时，应标注投影图名称，如图 6-3 所示。

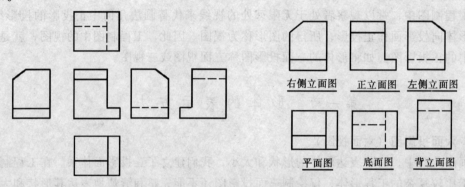

图 6-2　形体的六面投影图　　　　图 6-3　形体的六面投影图（加注图名）

二、斜向投影图（斜视图）

物体向不平行于任何基本投影面的平面作投影所得的投影图称为斜向投影图，如图 6-4 所示。

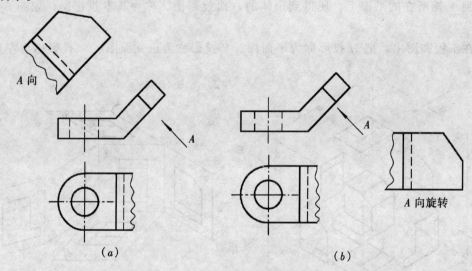

图 6-4　斜向投影图

在图 6-4 中，形体的右方部分不平行于任何基本投影面，为了要得到反映该倾斜部分实形的投影图，可设置一个平行于该倾斜部分的辅助投影面，便得到图中 A 向所示的斜向投影图。

绘制斜向投影图时，应在基本投影图附近用箭头指明投影方向，并标注大写字母（如 A 向）。斜向投影图的下方用同样的大写字母注明其名称。这些字应沿水平方向书写。

斜向投影图最好布置在箭头所指的方向上，必要时允许将斜向投影图旋转成不倾斜而布置在任何位置，但这时应加注"旋转"两字。

斜向投影图只要求表示形体倾斜部分的实形，其余部分不必画出。需用波浪线表示断裂边界。

三、局部投影图（局部视图）

将形体的某一局部向基本投影面作投影所得的投影图，称为局部投影图，如图 6-5 所示。

画局部投影图时，同斜向投影图一样，一般要用箭头表示它的观看方向，并注上字母，在相应的局部投影图上标注同样的字母。

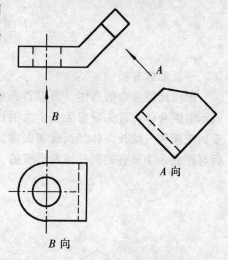

图 6-5　局部投影图

当局部投影图按投影关系配置，中间又没有其他图形隔开时，可省略标注。如图 6-4 中的平面图，其实为局部投影图。因该平面图的的观看方向和排列位置与基本投影图一致，所以不必画出箭头和注写字母。

局部投影图的边界线以波浪线表示，如图 6-4 中的平面图。但当所示部分以轮廓线为界时，则不需要画波浪线，如图 6-5 中的 B 向局部投影图。图 6-5 中的 A 向投影图为斜向投影图，由于其所示部分有轮廓线作边界，所以也不画波浪线。

四、展开投影图（展开视图）

当形体立面的某些部分与基本投影面不平行时，可将该部分展开至与投影面平行再作正投影。这时要在图名后加注"展开"字样，如图 6-6 所示。

五、镜像投影图（镜像视图）

对某些工程构造用一般正投影不易表达时，可采用镜像投影，即假想用镜面代替投影面，在镜面中得到形体的垂直映像，这种图称为镜像投影图，如图 6-7 所示。

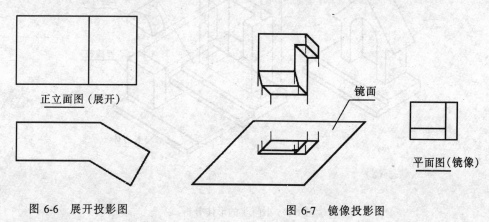

图 6-6　展开投影图　　　　图 6-7　镜像投影图

当用这种投影时，应在图名后加注"镜像"二字。

第二节 组合体三面投影图的画法

一、形体分析

形状比较复杂的形体，可以看成是由一些基本几何体通过叠加或切割而成。如图 6-8 所示的组合体，可先设想为一个大的长方体切去左上方一个较小的长方体，或者由一块水平的底板和一块长方体竖板叠加而成。对于底板，又可以认为是由长方体和半圆柱体组合后再挖去一个竖直的圆柱体而形成的。

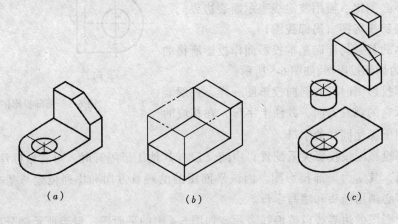

图 6-8 组合体的形体分析

又如图 6-9 所示的小门斗，用形体分析的方法可把它看成由六个基本几何体组成。主体由长方体底板、四棱柱和横放的三棱柱组成，细部可看作是在底板上切去一个长方体，在中间四棱柱上切去一个小的四棱柱，在三棱柱上挖去一个半圆槽。

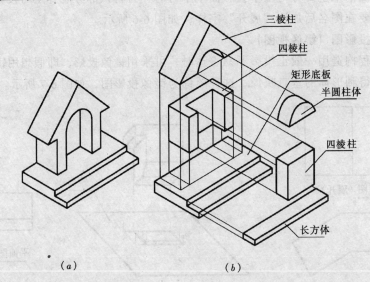

图 6-9 小门斗的形体分析

必须注意，组合体实际上是一个不可分割的整体，形体分析仅仅是一种假想的分析方法。如图 6-10 中的两棱柱，由于他们的前侧面位于同一平面上，因此不能在他们之间画一条分界线。

这种从几何观点把形体（组合体）分解成某些基本几何体的分析方法，称为形体分析法。通过对组合体进行形体分析，可把绘制较复杂的组合体的投影转化为绘制一系列比较简单的几何形体的投影。

二、投影选择

选择投影时，要求能够用最少数量的投影把形体表达完整、清晰。投影的选择虽然与形体的形状有关，但重要的是选择形体与投影面的相对位置。投影选择包括两个方面：一是选择正面投影，二是选择投影数量。

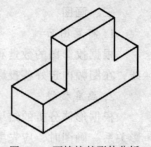

图 6-10　两棱柱的形体分析

1. 正面投影的选择

画图时，正面投影一经确定，其他投影图的投影方向和配置关系也随之而定。选择正面投影方向时，一般应考虑以下几个原则：

（1）正面投影应选择形体的特征面。所谓特征面，是指能显示出组成形体的基本几何体以及它们之间的相对位置关系的一面。如图 6-11 中 A 向为形体的特征面。

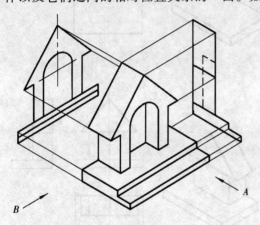

图 6-11　选择形体的特征面

（2）选择正面投影时，还应考虑形体的自然位置和工作状态。如后面专业制图中，梁、柱等结构构件的配筋图都要与其工作时的位置相一致。

（3）尽量减少图中虚线。如图 6-12 所示的形体，若分别将 A 向和 B 向作为正立面的投影方向，形成两组三面投影图。在图 6-11（a）中没有虚线，比（b）图更加真切地表达形体。

2. 投影数量的选择

以正面投影为基础，在能够清楚地表示形体的形状和大小的前提下，选择其他投影。投影图的数量越少越好。对组合体而言，一般要画出三面投影图。对复杂的形体，还需增加其他投影图。

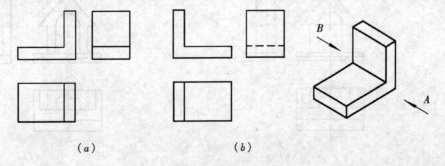

图 6-12　两组投影图的比较

三、画图

1. 布置图面

根据投影图的数量和绘图比例选定图幅。在画图时，应首先用中心线、对称线或者基线，在图幅内定好各投影图的位置，如图6-13（a）所示。

2. 画底稿线

根据形体分析的结果，逐个画出各基本形体的三面投影，并要保证三面投影之间的投影关系。画图时，应先主后次，先外后内，先曲后直，用细线顺次画出，如图6-13（b）、（c）、（d）、（e）所示。

3. 加深图线

底稿完成后，经校对确认无误后，再按线型规格加深图线，如图6-13（f）所示。

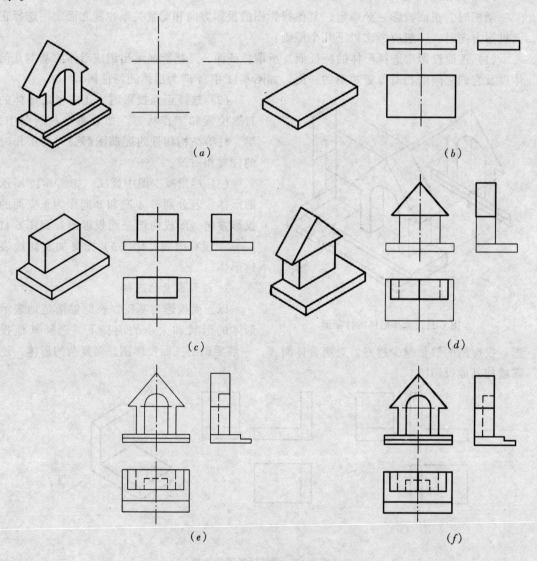

图6-13 组合体三面投影图的画法

第三节 组合体的尺寸标注

一、基本几何体的尺寸

任何几何体都有长、宽、高三个方向的大小，所以在它的投影图上标注尺寸时，要把反映三个方向大小的尺寸都标注出来。

常见基本几何体的尺寸注法如图 6-14 所示。棱柱、棱锥应在平面图上标注长、宽尺寸，在正立面图上标注高度尺寸。圆柱、圆锥应在平面图上标注圆的直径尺寸，在正立面图上标注高度尺寸。圆球只要标注直径尺寸。

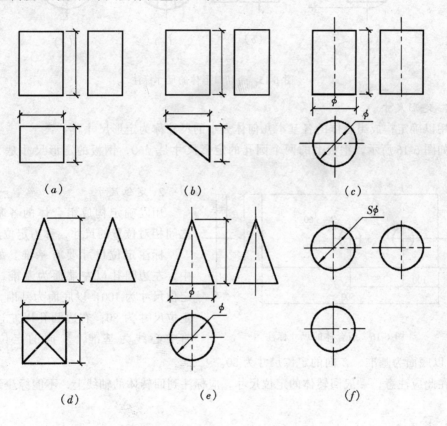

图 6-14 基本几何体的尺寸标注
(a) 长方体；(b) 三棱柱；(c) 圆柱；(d) 四棱锥；(e) 圆锥；(f) 圆球

对几何体标注尺寸后，有时可减少投影图的数量，如图 6-14 (f) 所示，当球体的直径尺寸被标在投影图上后，可以只用一个投影来表示。

二、带切口形体的尺寸

若基本几何体被截割，除应标出基本几何体的尺寸外，还应注出截平面的定位尺寸，如图 6-15 所示。由于形体与截平面的相对位置确定后，切口的交线已完全确定，因此不应再注切口交线的尺寸。

三、组合体的尺寸

组合体的尺寸可以分为三类：定形尺寸、定位尺寸和总尺寸。

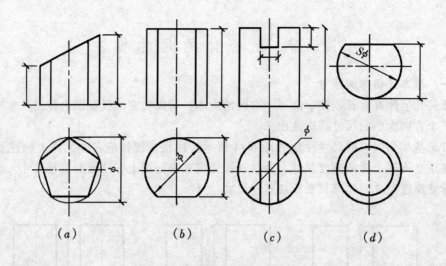

图 6-15　带切口形体的尺寸标注

1. 定形尺寸

用以确定构成组合体的各基本几何体大小的尺寸称为定形尺寸。

如图 6-16 所示，钢板上的两个圆孔的定形尺寸是 $\phi60$，钢板的定形尺寸是 500、30、200。

2. 定位尺寸

用以确定构成组合体的各基本形体之间相对位置的尺寸，称为定位尺寸。

标注定位尺寸要有基准。如图 6-16 中，左边圆孔以左端面为基准，X 向的定位尺寸为 100，以底面为基准，Z 向的定位尺寸为 80；右边圆孔以左边圆孔垂直中心线为基准，X 向的定位尺寸为 150，以底面为基准，Z 向的定位尺寸为 80。

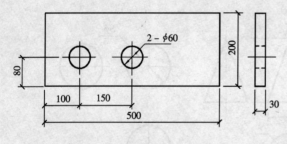

图 6-16　组合体的尺寸标注

在此应注意，一般回转体的定位尺寸，应标注到回转体的轴线上，不能标注到孔的边缘。

3. 总尺寸

用以确定组合体的总长、总宽和总高的尺寸称为总尺寸。

当基本几何体的定形尺寸与组合体的总尺寸数字相同时，两者的尺寸合二为一，不必重复标注。如图 6-16 中，500、30、200 既是钢板的定形尺寸，也是组合体的总尺寸。

4. 尺寸配置

在工程图中，尺寸的标注除了尺寸要齐全、正确、合理外，还应清晰、整齐、便于阅读。

（1）定形尺寸应标注在能反映形体特征的投影图上。例如圆弧的直径或半径尺寸应标注在反映圆弧的投影上，如图 6-16 中的圆孔直径 $\phi60$。

(2) 相关尺寸应尽量标注在两个投影图之间，并靠近某一个投影图，如图 6-16 中的 200。

(3) 尺寸尽量不标注在虚线上。

(4) 尽量把尺寸标注在投影轮廓线之外，但某些细部尺寸允许标注在图形内。

(5) 一个尺寸一般只标注一次，但在房屋建筑图中，必要时允许重复。

5．尺寸标注示例（图 6-17）

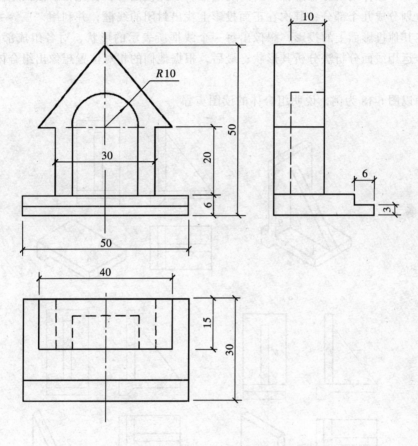

图 6-17 小门斗的尺寸标注

第四节 组合体投影图的识读

读图是画图的逆过程，读图的基本方法有两种：形体分析法和线面分析法。

一、形体分析法

在投影图上把形体分解成几个组成部分，根据每个组成部分的投影，想像出他们所表示的形体的形状，再根据各组成部分的相对位置关系，想像出整个形体的形状，这种读图的方法叫做形体分析法。

二、线面分析法

在对投影图进行形体分析的基础上，对投影图中难以看懂的局部投影，根据线、面的投影规律，逐一分析他们的形状和空间位置，这种方法称为线面分析法。

运用线面分析法读图，要掌握投影图中每一线框和每一线段所代表的空间意义。

投影图中的每一线框，一般是形体某一表面的投影。投影图中的每一线段，一般是投影面垂直面的积聚投影，或是两相交平面的交线，或是曲面体外形轮廓线的投影。

实际读图时，常以形体分析法为主，线面分析法为辅，综合运用。

任何一个形体的投影轮廓都是封闭的线框，因此读图时，首先在初读的基础上，把组合体大致划分成几个部分；其次在正面投影上找出封闭的线框，并利用"三等关系"找出各线框在其他投影面上的投影，想像出每一个线框所表示的形状，对各组成部分的细部，再进一步运用线面分析法分析其形状；最后，根据他们的相对位置想像出组合体的整体形状。

下面以图6-18为例，说明组合体的读图步骤

图6-18 组合体的读图步骤

1. 分解投影

分析形体的特征投影（一般为正面投影），将该投影分解成 a'、b'、c' 三个部分。

2. 对应投影

根据三等关系，分别找出 a、b、c 和 a''、b''、c''，并根据三投影想像出各部分所反映的形状。

3. 综合想像

根据各部分的相对位置,想像出组合体的整体形状。

如图 6-19、图 6-20 所示,分别为叠加型组合体和切割型组合体的读图示例。

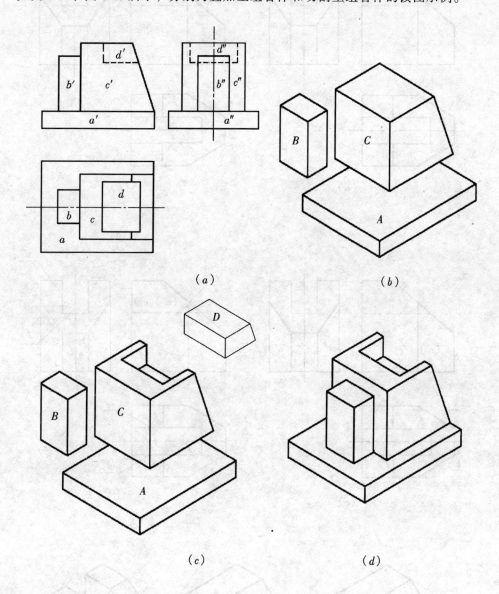

图 6-19 叠加型组合体的读图

三、"二补三"问题

所谓"二补三"问题,就是已知形体的两面投影图,求其第三投影图。一般步骤是,首先对已知的投影进行形体分析,大致想像出形体的形状,然后根据各基本形体的投影规律,画出各部分的第三投影。对于较难读懂的部分,采用线面分析法,并根据线面的投影特性,补出该细部的投影,最后加以整理即得出形体的第三投影。

图 6-21、图 6-22 为已知组合体的两面投影,补其第三面投影的作图过程。

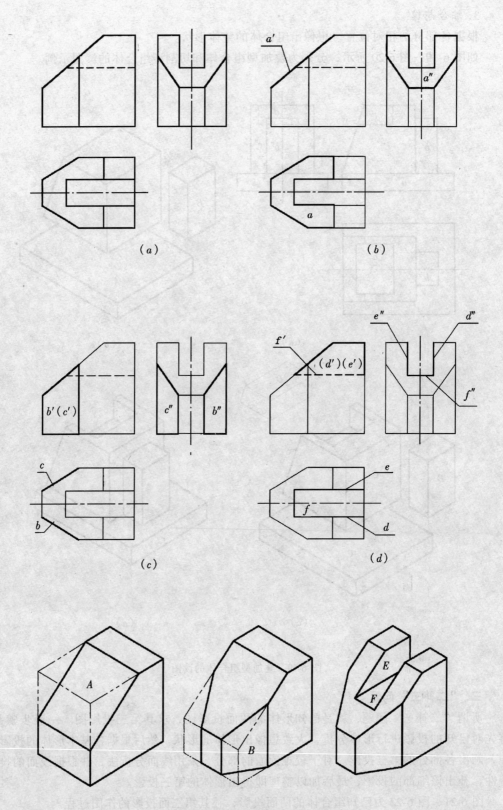

图 6-20 切割型组合体的读图

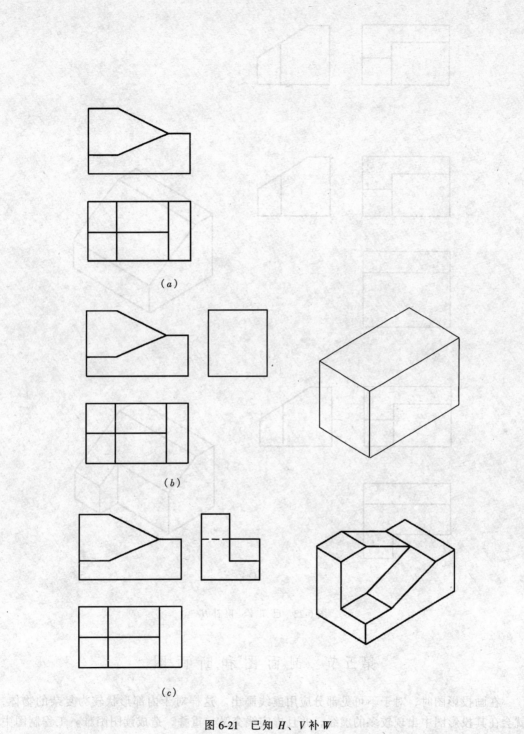

图 6-21 已知 H、V 补 W

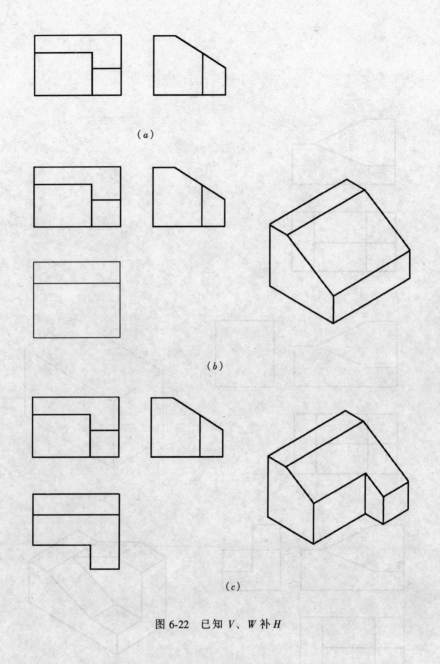

图 6-22 已知 V、W 补 H

第五节 剖面图和断面图

在画投影图时，对于不可见部分应用虚线画出。这样对于内部形状较为复杂的物体，就会在其投影图中出现较多的虚线，并且虚实线交叉、重叠，造成读图困难。工程制图中常采用剖面图和断面图来表达形体的内部情况。

一、剖面图

1. 概念

假想用一个剖切平面将物体切开，移去观看者与剖切平面之间的部分，将剩余部分向投影面作投影，所得投影图称为剖面图，简称为剖面。

图 6-23 是一个台阶的剖面图。

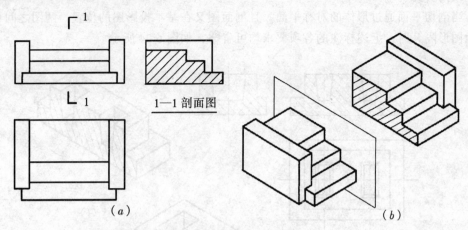

图 6-23 台阶的剖面图

2．画剖面图时应注意的问题

（1）画剖面图时，剖切到的部分用粗实线绘制，没有剖到但看到的部分用中实线绘制。在剖面图中，为了区别形体被剖到的部分和后面被看到的部分，规定在被剖到的图形上画图例线。图例线为 45°细实线，间距 2～6mm。在同一形体的各剖面中，图例线的方向、间距要一致。在剖面图中，需要表明形体的构造材料时，要按国标规定画出材料图例。

（2）剖切平面的位置应选择在形体最需表达的部位，如有孔洞则通过孔洞，如有对称面则与其重合。剖切平面的方向，一般选择与某一投影面平行，以便在剖面图中得到该部分的实形。只有当内部形状不能在基本投影面上反映实形时（比如实形面与基本投影面垂直），才可用其他方向的平面作为剖切平面。

（3）剖切是假想的，并非把形体真正剖开，只是在某一投影方向上需要表示内部形状时，才假想将形体剖去一部分，画出此方向上的剖面图。而其他方向的投影应按完整的形体画出。

（4）剖面图中一般不画虚线，只有当被省略的虚线所表达的意义不能在其他投影图中表示或者造成识图不清时，才可保留虚线。

3．剖切的表示

（1）剖切平面的位置用剖切位置线表示。由于剖切平面一般设置成垂直于某一基本投影面，所以剖切平面在该基本投影面内的投影积聚成一直线，这一直线就表明了剖切平面的位置，称为剖切位置线。剖切位置线用长度为 6～10mm 的两段粗实线绘制，在图中不得与图形轮廓线相交。

（2）投影方向用剖视方向线表示，剖视方向线位于剖切位置线的两端，并与其垂直，用长度为 4～6mm 的两段粗实线绘制。

剖切位置线与剖视方向线合在一起就叫剖切符号。

（3）剖切符号应用阿拉伯数字进行编号，写在剖视方向线的端部，编号数字一律水平书写。如图 6-23 中的剖切符号的编号为"1"。

（4）在剖面图的下方要注写剖面图的名称，如图 6-23 中的剖面图的名称为"1—1 剖面"或简称为"1—1"。

当剖切平面通过形体的对称平面，且剖面图又在基本投影图的位置，两图之间也没有其他图形隔开时，上述标注的各项要求均可省略，如图6-24所示。

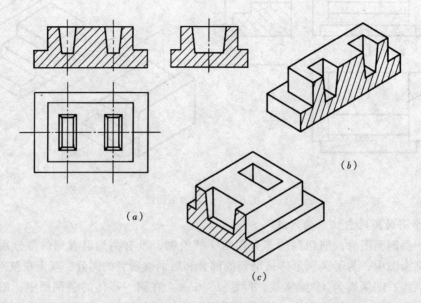

图6-24　组合体的剖面图

4．剖面图的种类

（1）全剖面图：假想用一个剖切平面把形体整个剖开后所画出的剖面图叫全剖面图。

当形体的投影是非对称的，如果需要表示其内部形状时，应采用全剖。

当形体的投影虽是对称形，但外形简单，为表示其内部形状亦可采用全剖。

（2）半剖面图：当形体在某个方向的投影是对称图形，而且内、外形都比较复杂时，应采用半剖面。

半剖面图就是以图形对称线为分界线，在对称线的一侧画表示外形的投影，另一侧画表示内部形状的剖面。在半剖面图中，剖面应画在垂直对称线的右侧或水平对称线的下侧，如图6-25所示。

半剖面相当于剖去形体的1/4，将剩余的3/4做剖面。

（3）局部剖面图：当仅需表达形体的某局部的内部形状时，可采用局部剖面。

局部剖面在投影图上用波浪线作为剖到部分与未剖到部分的分界线。如图6-26所示。波浪线不得超出图形轮廓线，在孔洞处要断开。画局部剖面时，一般省略剖切表示。

（4）阶梯剖面图：当形体上有较多的孔、槽，且不在同一层次上时，可用两个或两个以上平行的剖切平面通过各孔、槽轴线把物体剖开，所得剖面称为阶梯剖面。

由于剖切是假想的，所以不能把剖切平面转折处投影到剖面图上。在建筑图中一般以转折一次为宜，还应避免剖切平面在图形轮廓线上转折，以免混淆不清。阶梯剖面的剖切

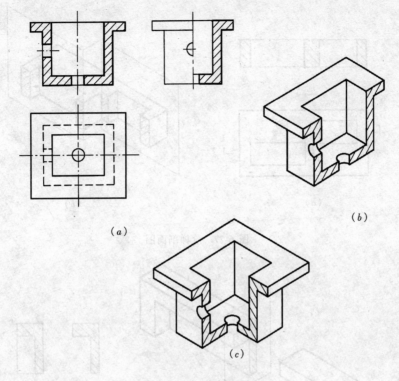

图 6-25 半剖面图

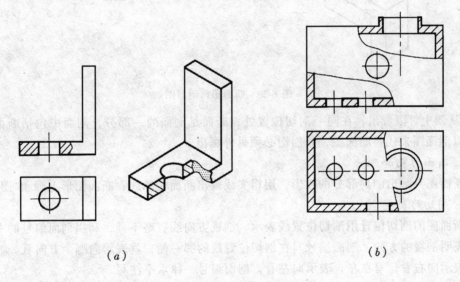

图 6-26 局部剖面图

表示如图 6-27 所示。

二、断面图

1. 概念

假想用一个剖切平面剖切物体，仅画出被剖到部分的图形叫断面图，也称截面图，简称断面或截面，如图 6-28 所示。

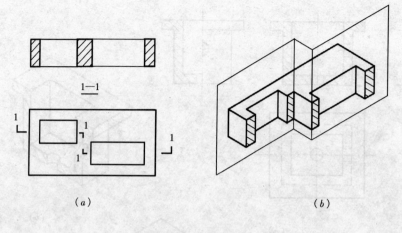

图 6-27 阶梯剖面图

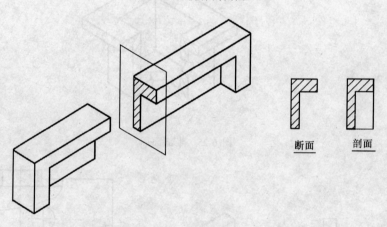

图 6-28 断面图与剖面图

从图中可以看出,在同一剖切位置处,断面是剖面的一部分,剖面中包括断面,但不能以剖面图来代替断面图,断面图必须另外画出。

2. 断面的表示

断面图只画出剖到部分的投影,用粗实线画出断面轮廓线,断面图形上画45°图例线。

3. 剖切的表示

断面图的剖切位置用剖切位置线表示,剖视方向线省略不画,利用剖面编号的书写位置来表明剖视的方向。剖面编号写在剖切位置线的哪一侧,就表示向哪个方向看。如写在右,表示向右看;写在左,表示向左看,剖面编号一律水平注写。

4. 断面的种类

(1) 移出断面图:位于投影图之外的断面图,称为移出断面。

移出断面的轮廓线用粗实线绘制,在断面上根据所绘形体的材料画出规定的图例,如图6-29所示。

(2) 重合断面图:重叠在投影图之内的断面图,称为重合断面。

重合断面的轮廓线用细实线绘制,以便与投影的轮廓线区别开,并且形体的投影线在重合断面范围内仍是连续的,不能断开,如图 6-30 所示。

图 6-31、图 6-32 分别为屋顶的重合断面图和外墙立面装饰的重合断面图。

(3) 中断断面图:画在投影图的中断处的断面图,称为中断断面,如图 6-33 所示。重合断面和中断断面均不需加标注。

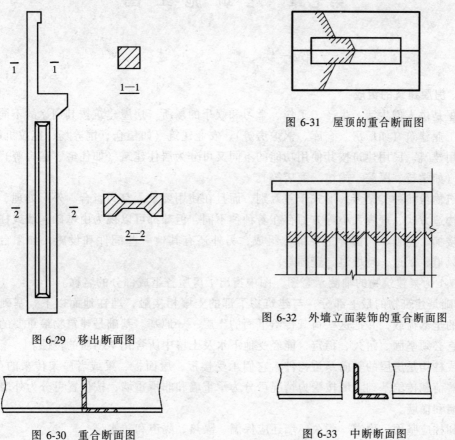

图 6-29 移出断面图

图 6-31 屋顶的重合断面图

图 6-32 外墙立面装饰的重合断面图

图 6-30 重合断面图

图 6-33 中断断面图

第七章 建筑施工图

第一节 概 述

一、房屋建筑的组成

房屋是供人们生活、生产、工作、学习和娱乐的场所。房屋建筑按其用途的不同通常可分为工业建筑（如厂房、仓库、锅炉房等）、农业建筑（如粮仓、饲养场、拖拉机站等）以及民用建筑。民用建筑按其使用功能的不同又可分为居住建筑（如住宅、宿舍等）和公共建筑（如学校、医院、旅馆、商店等）。

建筑物虽然种类繁多，形式千差万别，而且在使用要求、空间组合、外形处理、结构形式、构造方式、规模大小等方面存在着种种不同，但却都可以视为由基础、墙或柱、楼地面、楼梯、屋顶、门窗等主要部分组成，另外还有其他一些配件和设施，如阳台、雨篷、通风道、烟道、垃圾道、壁橱等。

图 7-1 为某建筑物的轴测示意图，图中指出了房屋各组成部分的名称。

基础是建筑物的最下部分，与建筑物下部的土壤相接触，埋在地面以下。基础承受建筑物的全部荷载，并把这些荷载传给下面的土层——地基。基础是建筑物最重要的组成部分，它必须坚固、耐久、稳定，能经受地下水及土壤中所含化学物质的侵蚀。

墙或柱均是房屋的竖向承重构件，它们承受楼板、屋面板、梁或者屋架传来的荷载，并把这些荷载传给基础。墙按受力情况可分为承重墙和非承重墙；按位置可分为外墙和内墙，纵墙和横墙。

墙和柱应坚固、稳定、耐久。墙还应保温、隔热、隔声和防水。

楼板是建筑物的水平承重构件和分隔构件，楼板将其所受荷载传给墙或梁，梁再将荷载传给柱或墙。楼板搁置在墙或梁上，当放置在墙上时，对墙体有一定的水平支撑作用。

楼板应具有一定的承载力和刚度，楼面应耐磨、不起尘，还应具有很强的隔声能力。

楼梯是多层建筑中的垂直交通设施，以供人们上下楼层使用。在紧急状态，如出现火灾或地震时，作为人们疏散使用。

楼梯应坚固、安全，满足疏散要求。

屋顶位于建筑物的最上部，它是承重构件，承受作用在其上的荷载。同时屋顶还是建筑物的外围护部分，起抵御风霜雨雪和保温隔热等作用。

门的主要功能是交通，窗的主要功能是采光和通风，还可供眺望之用。

二、施工图的产生

建筑工程施工图是一种能十分准确地表达建筑物的外形轮廓、大小尺寸、结构形式、构造方法和材料做法的图样。是沟通设计与施工的一座桥梁。工程技术人员必须会看施工图。要想做到快速、准确地阅读施工图，一方面要熟悉房屋建筑的构造组成；另一方面亦要对施工图的产生过程有一个大概的了解。

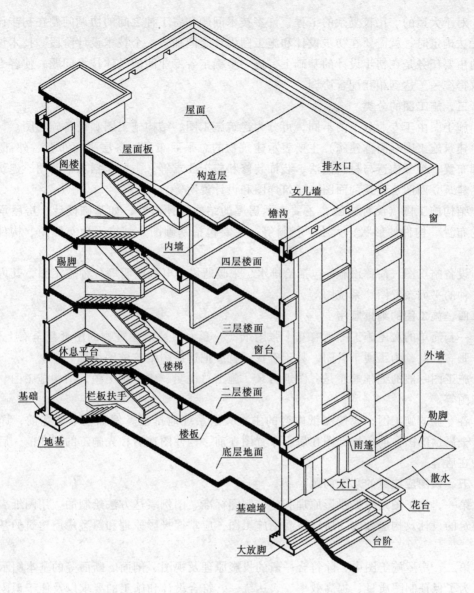

图 7-1 房屋的组成

建筑工程施工图是由设计单位根据设计任务书的要求、有关的设计资料、计算数据及建筑环境和艺术等多方面因素设计绘制而成的。一般分为两个设计阶段。

初步设计阶段：根据建设单位提出的设计任务和要求，进行调查研究，搜集必要的设计资料，提出各种初步设计方案，画出简略的房屋平、立、剖面设计图和总体布置图，并提供各种方案的技术、经济指标和工程概算等。初步设计的工程图纸和有关文件只是作为提供方案研究、比较和审批之用，不能作为施工的依据。

施工图设计阶段：在初步设计的基础上，综合进行建筑、结构、设备等各工种的相互配合、协调和调整，并把满足工程施工的各项具体要求反映在图纸中。其内容包括所有专业的基本图、详图及说明书、计算书和工程预算书等。施工图是施工单位进行施工的依据。整套图纸应完整详细、前后统一、尺寸齐全、正确无误。

对于大型的、比较复杂的工程，许多技术问题和各工种之间的协调问题在初步设计阶段无法确定时，就需要在初步设计和施工图设计之间加入一个技术设计阶段。技术设计阶段的主要任务是在初步设计的基础上，进一步确定各专业间的具体技术问题，使各专业之间取得统一，达到相互配合协调。

三、施工图的分类

施工图由于专业分工的不同，可分为建筑施工图、结构施工图和设备施工图。

建筑施工图（简称建施）主要表示建筑物的总平面布局、各层平面布置、外部造型、内部布置、细部构造与材料做法、装饰装修和施工要求等。主要包括总平面图、建筑平面图、建筑立面图、建筑剖面图、建筑详图和设计说明等。

结构施工图（简称结施）主要表示房屋的结构设计内容，如基础设计、房屋承重构件的布置、构件的形状、大小、材料等。主要包括基础图、结构平面布置图、构件详图等。

设备施工图（简称设施）包括给排水、采暖通风、电气照明等各种施工图，其内容有各工种的平面布置图、系统图等。

四、施工图的编排顺序

一套简单的房屋施工图就有几十张图纸，一套大型复杂建筑物的图纸甚至有上百张、上千张。因此，为了便于看图，易于查找，就应把这些图纸按顺序编排。

施工图一般的编排顺序是：图纸目录、施工总说明、建筑施工图、结构施工图、设备施工图等。

各专业的施工图，应按图纸内容的主次关系系统地排列。例如基本图在前，详图在后；全局性的图在前，局部图在后；布置图在前，构件图在后；先施工的图在前，后施工的图在后等。

五、识图应注意的几个问题

第一，施工图是根据投影原理和建筑制图标准、图例表达方法绘制的，用图纸表明房屋建筑的设计及构造做法，所以要看懂施工图，应掌握投影原理和熟悉房屋建筑的基本构造。

第二，房屋施工图中，除符合一般的投影原理及视图、剖面、断面等的基本图示方法外，为了保证制图质量、提高效率、表达统一、符合设计和施工的要求以及便于识读工程图，建设部颁布了六种有关建筑制图的国家标准。包括总纲性质的《房屋建筑制图统一标准》（GB/T50001—2001）和专业部分的《总图制图标准》（GB/T50103—2001）、《建筑制图标准》（GB/T50104—2001）、《建筑结构制图标准》（GB/T50105—2001）、《给水排水制图标准》（GB/T50106—2001）、《采暖通风与空气调节制图标准》（GB/T50114—2001）以及相应的《条文说明》，自2002年3月1日起施行。无论绘图与读图，都必须熟悉有关的国家标准。

第三，看图时要先粗后细、先大后小、互相对照。一般是先看图纸目录、总平面图，大致了解工程的概况，如设计单位、建设单位、新建房屋的位置、周围环境、施工技术的要求等。对照目录检查图纸是否齐全，采用了哪些标准图并备齐这些标准图。然后开始阅读建筑平、立、剖面图等基本图样，还要深入细致地阅读构件图和详图，详细了解整个工程的施工情况及技术要求。阅读中要注意对照，如平、立、剖面图的对照，基本图和详图的对照，建筑图和结构图的对照，图形与文字说明的对照等。

要想熟练地识读施工图，还应经常深入施工现场，对照图纸，观察实物，这也是提高识图能力的一个重要方法。

第二节 施工总说明及建筑总平面图

一、施工总说明

施工总说明是对图样上未能详细表明的材料、做法、具体要求及其他有关情况所作出的具体地文字说明。主要内容有：工程概况与设计标准、结构特征、构造做法等。中小型房屋建筑的施工总说明一般放在建筑施工图内，和图纸目录、材料做法表、门窗表、建筑总平面图共同形成建筑施工图的首页，称为首页图。

下面是某学校办公楼的施工总说明。

施工总说明

1. 设计依据

本工程按某学校所提出的设计任务书进行方案设计。以教学楼和传达室为放样依据，按总平面图所示的尺寸放样。

2. 设计标高

室内地坪设计标高±0.000，相当于绝对标高46.20m，室外地坪标高为45.60m，室内外高差为0.60m。

3. 施工用料

（1）基础：该办公楼采用墙下毛石条形基础，钢筋混凝土柱下采用钢筋混凝土单独基础。

（2）墙体：外墙为370mm，内墙为240mm。墙体用MU10的机制红砖、M7.5的砂浆砌筑。

（3）楼地面：楼地面均采用水磨石面层。

（4）屋面：采用二毡三油柔性防水屋面。

（5）外墙装饰：白色瓷砖贴面，檐口采用砖红色波形瓦。

（6）屋面排水：采用双坡排水，排水坡度2%，天沟坡度1%。

二、建筑总平面图

建筑总平面图是表明新建房屋基地所在范围内的总体布置的图样。主要表达新建房屋的位置和朝向，与原有建筑物的关系，周围道路、绿化布置及地形地貌等内容。建筑总平面图是新建房屋定位、土方施工以及绘制水、暖、电等管线总平面图和施工总平面图的依据。

1. 总平面图的比例、图例及文字说明

绘制总平面图常用的比例为1:500、1:1000、1:2000。总平面图中所注尺寸一律以米为单位。由于绘图比例较小，在总平面图中所表达的对象，要用《房屋建筑制图统一标准》中规定的图例来表示。常用的总平面图图例如表7-1所示。在绘制较为复杂的总平面图时，如所表达的内容在国家标准中没有规定时，可自行规定图例，但必须在总平面图中绘制清楚，并注明其名称。

总平面图图例　　　　　　　　　　　表 7-1

图　例	名　称	图　例	名　称
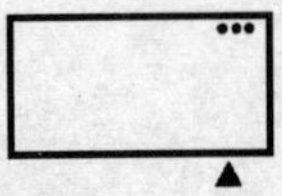	新设计的建筑物 需要时，可用▲表示出路口 右上角以点数或数字表示层数	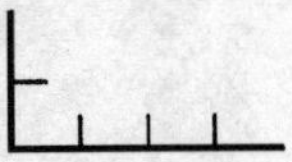	围　墙 表示砖石、混凝土及 金属材料围墙
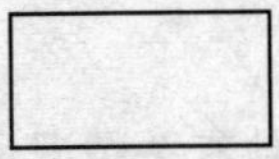	原有的建筑物	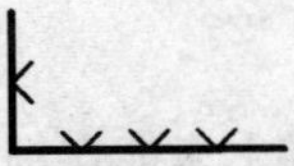	围　墙 表示镀锌铁丝网、篱笆等 围　墙
	计划扩建的建筑物或预留地	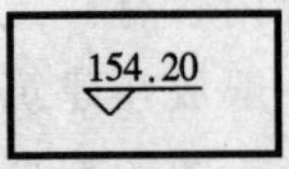 154.20	室内地坪标高
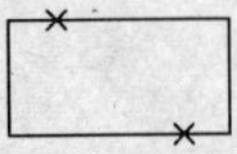	拆除的建筑物	 ▼143.00	室外整平标高
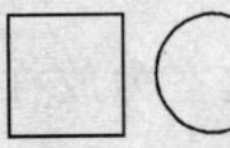	地下建筑物或构筑物		原有的道路
	散状材料露天堆场	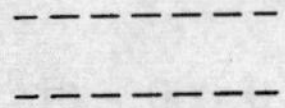	计划的道路
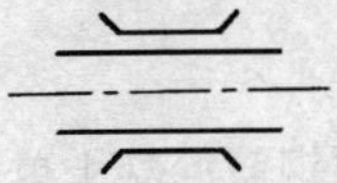	公　路　桥		护　坡
	铁　路　桥	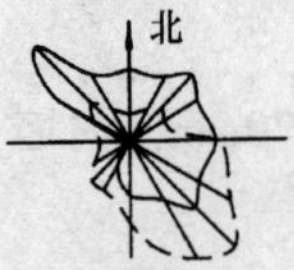	风向频率玫瑰图
	烟　囱		指北针

2. 新建建筑物的定位

新建建筑物的具体位置，一般根据原有房屋或道路来定位，并以米为单位标出定位尺寸。当新建建筑物附近无原有建筑物为依据时，要用坐标定位法确定建筑物的位置。坐标定位法有以下两种。

（1）测量坐标定位法：在地形图上绘制的方格网叫做测量坐标方格网，与地形图采用同一比例，方格网的边长一般采用100m×100m或者50m×50m，纵坐标为 X，横坐标为 Y。斜方位的建筑物一般应标注建筑物的左下角和右上角的两个角点的坐标。如果建筑物的方位正南正北，又是矩形，则可只标注建筑物的一个角点的坐标。测量坐标方格网如图7-2所示。

（2）建筑坐标定位法：建筑坐标方格网是以建设地区的某点为"0"点，在总平面图上分格，分格大小应根据建筑设计总平面图上各建筑物、构筑物及各种管线的布设情况，结合现场的地形情况而定的，一般采用100m×100m或者50m×50m，采用比例与总平面图相同,纵坐标为 A,横坐标为 B。定位放线时,应以"0"点为基准,测出建筑物墙角的位置。建筑坐标方格网如图 7-3 所示。

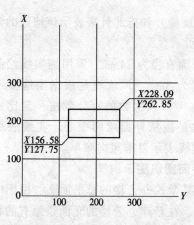

图 7-2 测量坐标方格网

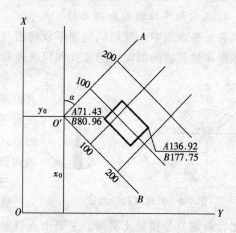

图 7-3 建筑坐标方格网

3. 等高线

在总平面图中,常用等高线来表示地面的自然状态和起伏情况。等高线是地面上高程相同的点连续形成的闭合曲线,等高线在图上的水平距离随着地形的变化而不同,等高线间的距离越小,表示此处地形较陡,反之,则表示地面较平坦。等高线可为确定室内地坪标高和室外整平标高提供依据。

标高是标注建筑物高度的一种尺寸形式,标高符号的大小、画法及有关规定如图 7-4 所示。

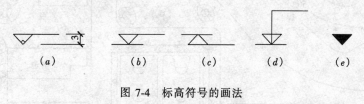

图 7-4 标高符号的画法

图 7-4(a)用来表示建筑物室内地面及楼面的标高,下面不画短横线,标高数字注写在长横线的上方。图(e)用来表示建筑物总平面图室外地坪标高,标高数字注写在黑三角形的上方、右方或右上方。图(b)、(c)、(d)用以标注其他部位的标高,短横线为需标注高度的界限,标高数字注写在长横线的上方或下方。

不论何种形式的标高符号,均为等腰直角三角形,高 3mm。同一图纸上的标高符号应大小相等、整齐划一、对齐画出。标高数字以米为单位,并注写到小数点后面第三位。在总平面图中标高数字注写到小数点后第二位。零点标高的注写形式为 ±0.000。

标高分为绝对标高和相对标高两种:

(1)绝对标高:我国以青岛附近某处黄海的平均海平面作为标高的零点,其他各地都以它为基准而得到的高度数值称为绝对标高。

(2)相对标高:以建筑物室内底层主要地坪作为标高的零点,其他各部位以它为基准而得到的高度数值称为相对标高。

采用相对标高,可简化标高数字,而且容易得出建筑物中各部分的高差尺寸,如层高尺寸等。因此，在建筑工程中，除总平面图外，一般都采用相对标高。在施工总说明或总平面图中，一定要注明相对标高和绝对标高的关系。

4．风向频率玫瑰图和指北针

在总平面图中，常用风向频率玫瑰图（简称风玫瑰）和指北针来表示该地区的常年风向频率和建筑物的朝向。指北针和风玫瑰如图7-5所示。

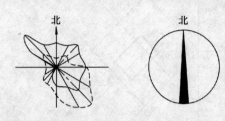

指北针外圆直径为24mm，采用细实线绘制，指北针尾部宽度为3mm。风玫瑰是根据当地多年平均统计的各个方向吹风次数的百分数按一定比例绘制的。风吹方向是指从外面吹向中心。实线表示全年风向频率，虚线表示夏季风向频率。

图7-5　风玫瑰与指北针

三、总平面图识图示例

图7-6为某学校办公楼的总平面图。由图中可以看出，新建办公楼坐北朝南，主要出入口设在南面。在新建办公楼的北面是原有的教工宿舍楼，宿舍楼的西面是篮球场，校园的最北面是食堂，食堂旁边的虚线表示食堂将计划扩建的部分。新建办公楼的位置是根据原有的传达室及教学楼来确定的。新建办公楼的南墙距传达室的北墙为11.50m，办公楼的西墙距原教学楼的东墙为11.00m。办公楼的总长为33.48m，总宽为18.37m。

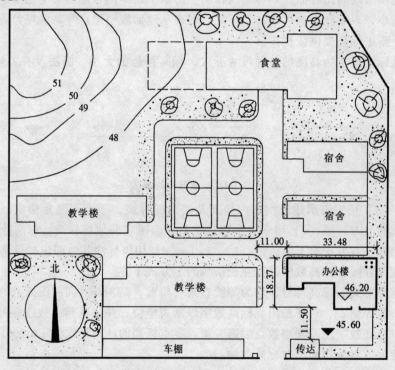

总平面图 1:100

图7-6　总平面图

从等高线可以看出，学校的西北角地势较高，东南则较平坦。在确定建筑物的室内地坪标高及室外整平标高时，应注意尽量结合地形，以减少土石方工程。图中新建办公楼的室内地坪标高为46.20m，室外整平标高为45.60m。另外，在总平面图中，还可反映出道路、围墙及绿化的情况。

第三节　建筑平面图

一、建筑平面图的形成及种类

假想用一个水平剖切平面沿门窗洞口位置将房屋剖开，移去剖切平面以上的部分，绘出剩余部分的水平剖面图，称为建筑平面图，如图7-7所示。

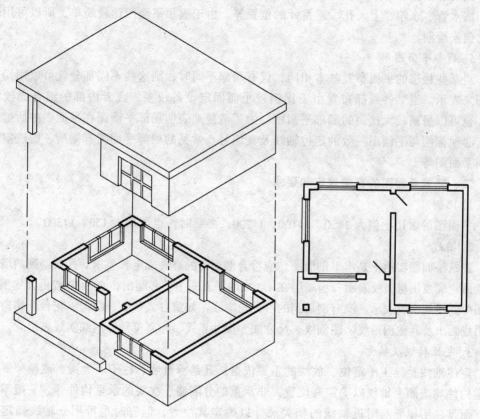

图7-7　建筑平面图的形成

建筑平面图主要反映房屋的平面形状、水平方向各部分的布置和组合关系、门窗位置、墙和柱的布置以及其他建筑构配件的位置和大小等。对于多层建筑，应画出各层平面图。但当有些楼层的平面布置相同时，或者仅有局部不同时，则可只画一个共同的平面图（称为标准层平面图），对于局部不同之处，只需另画局部平面图。

一般来说，建筑平面图包括以下几种：

1. 底层（首层，一层）平面图

主要表示底层的平面布置情况，即各房间的分隔和组合、房间名称、出入口、门厅、走道、楼梯等的布置和相互关系，各种门窗的位置以及室外的台阶、花台、明沟、散水、

雨水管的布置以及指北针、剖切符号、室内外标高等。

　　2．标准层平面图

　　主要表示中间各层的平面布置情况。在底层平面图中已经表明的花台、散水、明沟、台阶等不再重复画出。进口处的雨篷等要在二层平面图上表示，二层以上的平面图中不再表示首层的雨篷，但应表示相邻下一层的屋顶或露台等内容。

　　3．顶层平面图

　　主要表示房屋顶层的平面布置情况。如果顶层的平面布置与标准层的平面布置相同，可以只画出局部的顶层楼梯间平面图。

　　4．屋顶平面图

　　主要表示屋顶的形状，屋面排水方向及坡度，天沟或檐沟的位置，还有女儿墙、屋脊线、雨水管、水箱、上人孔、避雷针的位置等。由于屋顶平面图比较简单，所以可用较小的比例来绘制。

　　5．局部平面图

　　当某些楼层的平面布置基本相同，仅有局部不同时，则这些不同部分就可以用局部平面图来表示。当某些局部布置由于比例较小而固定设备较多，或者内部的组合比较复杂时，也可以另画较大比例的局部平面图。为了清楚地表明局部平面图在平面图中所处的位置，必须标明与平面图一致的定位轴线及其编号。常见的局部平面图有厕所、盥洗室、楼梯间平面图等。

　　二、建筑平面图的有关规定和要求

　　1．比例

　　平面图的常用比例为 1:50、1:100、1:200。必要时，也可用 1:150、1:300。

　　2．图线

　　建筑平面图实质上是水平剖面图，应符合剖面图的有关规定和要求。凡被剖到的墙、柱的断面轮廓线用粗实线表示。粉刷层在 1:100 的平面图中不必画出，在 1:50 或更大比例的平面图中则用细实线表示。没有剖切到的可见轮廓线，如窗台、台阶、明沟、花台、梯段等用中粗线画出。其他图形线、图例线、尺寸线、尺寸界线、标高符号等用细实线表示。

　　3．定位轴线及编号

　　定位轴线是施工中定位、放线的重要依据。凡是承重墙、柱子、大梁、或屋架等主要承重构件均应画上轴线以确定其位置。非承重的分隔墙、次要的承重构件等，一般不画轴线，而是注明他们与附近轴线的相关尺寸以确定其位置，但有时也可用分轴线确定其位置，如图 7-8 所示。

　　定位轴线用细点划线表示，轴线的端部画细实线圆（直径为 8mm），在圆圈内注明轴线编号。水平方向的编号采用阿拉伯数字，从左至右顺序编写；竖向编号采用大写拉丁字母，从下至上顺序编写。拉丁字母中的 I、O、Z 三个字母不得用作轴线编号，以免与阿拉伯数字 1、0、2 混淆。

　　在两个轴线之间，需附加分轴线时，则编号用分数表示。分母表示前一轴线的编号，分子则表示分轴线本身的编号，用阿拉伯数字顺序编写。1 号轴线或 A 号轴线之前附加的轴线的分母应以 01 或 0A 表示。

　　4．图例

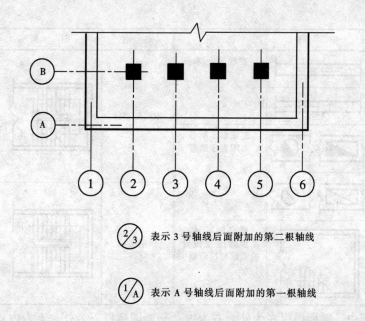

图 7-8 定位轴线及编号

由于建筑平面图一般采用较小的比例,所以门窗等建筑配件用规定的图例表示,并注上相应的代号及编号。如门的代号为 M;窗的代号为 C。同一类型的门或窗,编号应相同,如 M-1、M1 和 C-1、C1 等。常用的建筑配件图例如表 7-2 所示。

常用的建筑配件图例　　　　　　　　表 7-2

名　称	图　例	说　明	名　称	图　例	说　明
单扇门		门的名称代号用 M 表示	单层中悬窗		窗的名称代号用 C 表示 立面图中的斜线,表示窗扇的开关方向。实线表示向外开,虚线表示向内开 平、剖面图中的虚线,仅说明开关方式,在设计图中可不必表示
双扇门		
对开折叠门		
双扇双面弹簧门		
单层固定窗		窗的名称代号用 C 表示 立面图中的斜线,表示窗扇的开关方向。实线表示向外开,虚线表示向内开 平、剖面图中的虚线,仅说明开关方式,在设计图中可不必表示	单层外开平开窗		

续表

名称	图例	说明	名称	图例	说明
高窗	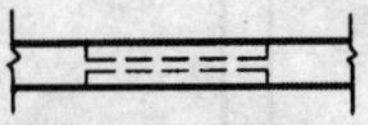	虚线表示未剖到	中间层楼梯	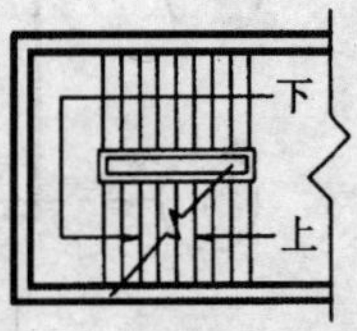	楼梯的形状及踏步数应按设计的实际情况绘制
墙上预留洞或槽	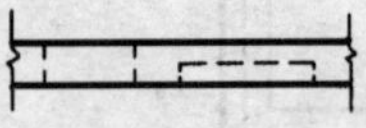				
烟道		左图表示矩形 右图表示圆形			
通风道			顶层楼梯	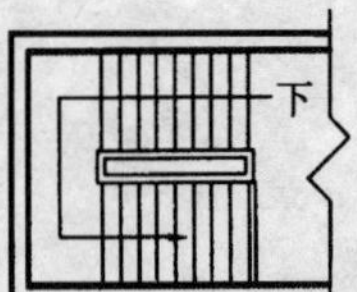	
底层楼梯	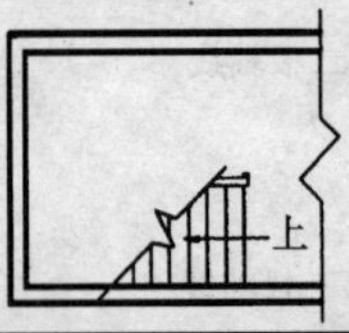	楼梯的形状及踏步数应按设计的实际情况绘制			

门窗图例中，剖面图以左为外，右为内；平面图则以下为外，上为内；立面图上开启方向线交角的一侧为安装合叶的一侧，实线为外开，虚线为内开。门平面图中的开启弧线，立面图上的开启方向线，以及窗的平面图、剖面图中的虚线等仅表示开启方向，在一般设计图内不表示，仅在制作图内表示。

在平面图中，凡是被剖到的部分应画出材料图例。但在 1:100、1:200 的小比例平面图中，剖到的砖墙一般不画材料图例，可在透明图纸的背面涂红表示。1:50 的平面图中的砖墙也可不画图例，但在比例大于 1:50 时，应分别画上材料图例。剖到的钢筋混凝土构件的断面，当比例小于 1:50 时，可涂黑表示。

5. 尺寸标注

建筑平面图中，一般应在图形的下方和左方标注相互平行的三道尺寸。最外面的一道尺寸是外包尺寸，表示建筑物的总长和总宽；中间一道尺寸是轴线之间的距离，是房间的"开间"和"进深"尺寸；最里面的一道尺寸是门窗洞口的宽度和洞间墙的尺寸。

除三道尺寸外，还须注出某些局部尺寸，如外墙、内墙厚度，内墙上门窗洞口的尺寸及其定位尺寸，台阶、花台、散水等的尺寸以及某些固定设备的定位尺寸等。平面图中还须注明楼地面、台阶顶面、楼梯休息平台面以及室外地面的标高。

当平面图形不对称时，平面图的四周均应标注尺寸。

6. 索引符号及其他

在平面图中凡需另绘详图的部位，均应画上索引符号。索引符号及详图符号的画法及有关规定详见后面"建筑详图"一节。

在底层平面图中，还应画上剖切符号以确定剖面图的剖切位置和剖视方向；表示房屋朝向的指北针也要在底层平面图中画出。

三、建筑平面图识图示例

图 7-9～图 7-12 为某学校办公楼的底层平面图、标准层平面图、顶层平面图及屋顶平面图。阅读平面图应掌握正确的读图方法。习惯方法为：由外向内，由大到小，由粗到细，先看附注说明，再看图形，逐步深入阅读。

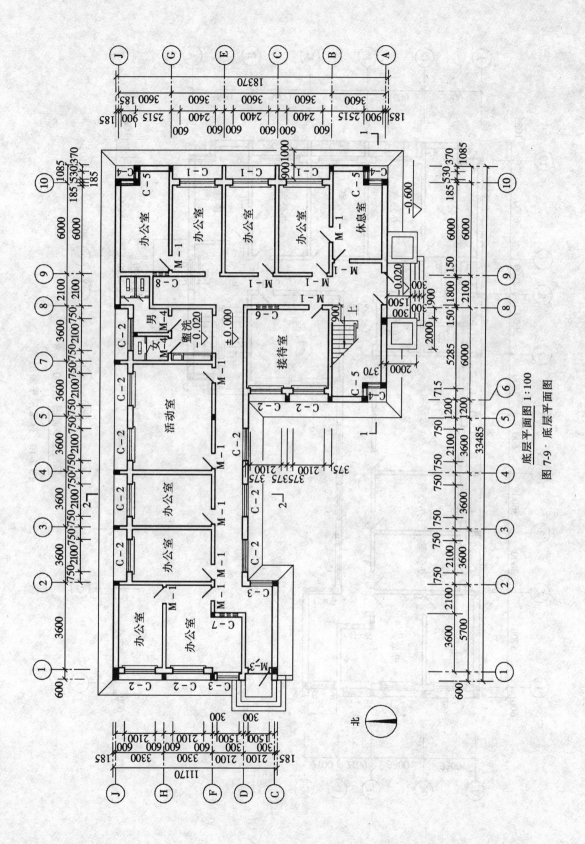

图 7-9 · 底层平面图 1:100

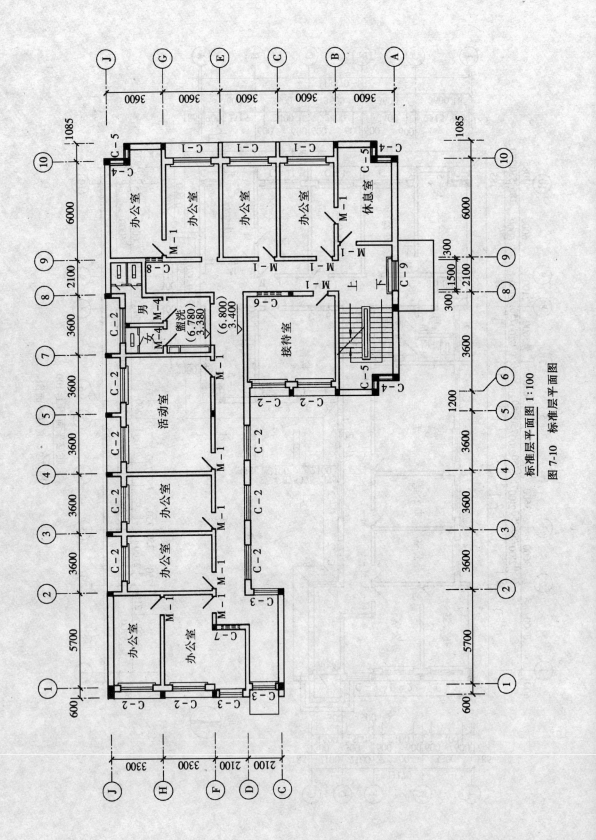

图 7-10 标准层平面图

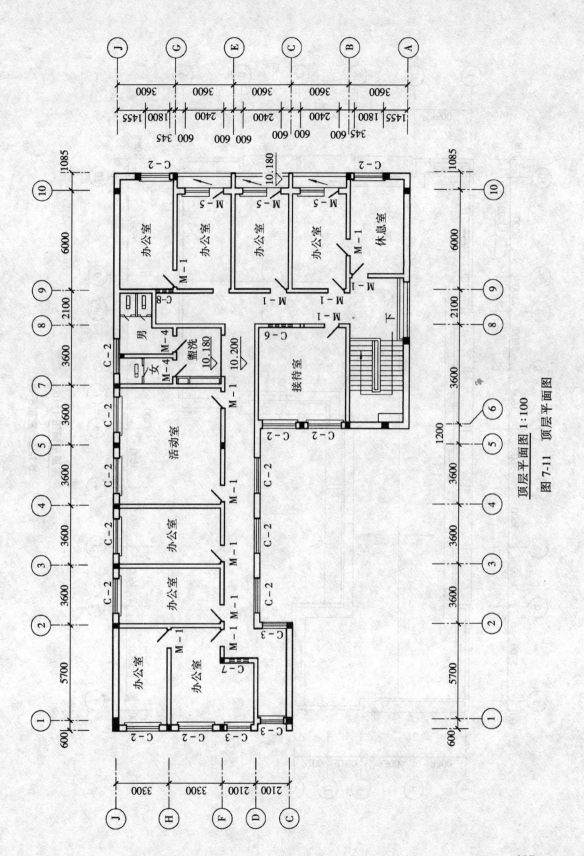

图 7-11 顶层平面图

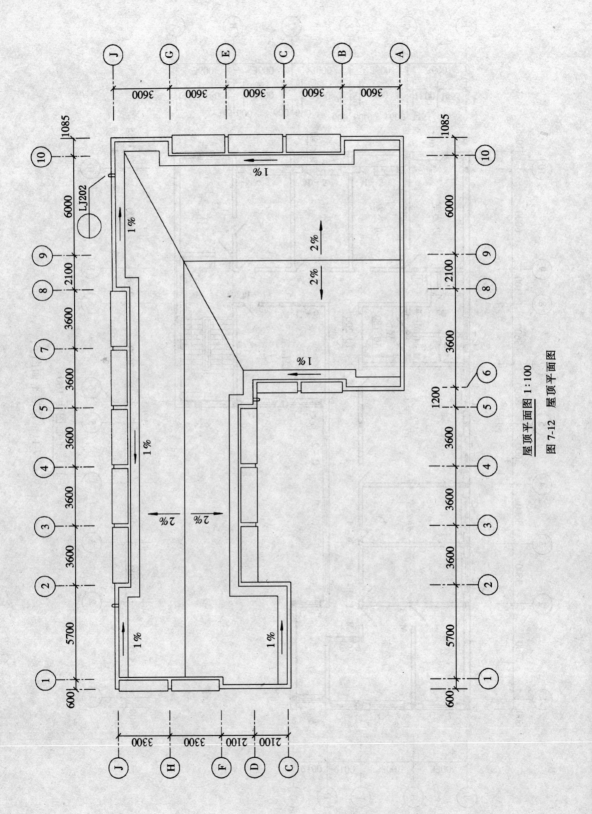

图 7-12 屋顶平面图

图7-9为某学校办公楼的底层平面图,比例为1:100,从左下角的指北针,可以看出该办公楼坐北朝南;从平面图四周的尺寸可以了解到办公楼的总长、总宽尺寸及房间的开间和进深尺寸。

办公楼有两个出入口,南立面的东端为主要出入口,门厅的西侧是楼梯间。办公楼的东端为内廊双侧式布置,西侧是一个俱乐部,东侧为几间办公室。办公楼的中西部为内廊单侧式布置,走廊位于南侧,办公室位于北侧。在办公楼的西端形成一个有套间的大办公室。走廊的西端为另一出入口。盥洗室及男、女厕所设在北侧偏东处。

办公楼的底层室内标高为±0.000,盥洗室的地面标高为-0.020,表明盥洗室地面比室内地面低20mm。室外地面的标高为-0.600。

对底层房间的平面布置情况大概了解后,要进一步深入、细致地阅读有关的细部尺寸及布置,如内外墙的尺寸,柱子的断面尺寸,门窗洞口的尺寸及其定位尺寸,墙垛的尺寸,室外台阶、散水、花台的尺寸等。

图7-10、图7-11分别为该学校办公楼的标准层平面图和顶层平面图。从标准层平面图中可以看到,办公楼的二、三层各设一个大的活动室和接待室,在办公楼的东端设一个休息室,其余的房间均为办公室。从顶层平面图可以得知,顶层的北外墙向外拉齐从而增大了房间的面积,顶层的东端设门联窗通向阳台,顶层的房间布置与二、三层的房间布置相同。

第四节 建筑立面图

一、建筑立面图的形成、命名及图示内容

建筑立面图是投影面平行于建筑物各个外墙面的正投影图,如图7-13所示(参见图7-7)。

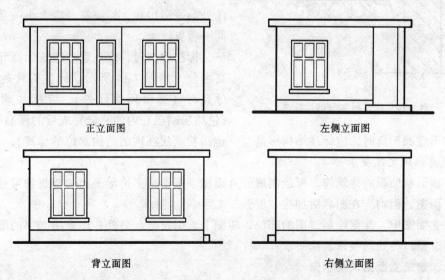

图7-13 建筑立面图的形成(参见图7-7)

建筑立面图是用来表示建筑物的外形外貌及外墙装饰要求的图样,主要反映房屋的总高度、檐口及屋顶的形状、门窗的形式与布置，室外台阶、雨篷、雨水管的形状及位置等。另外，还常用图例和文字表明墙面、屋顶等各部分的建筑材料及做法。

立面图中反映主要出入口或房屋主要外貌特征的一面称为正立面图，其余的立面图则相应地称为背立面图、左侧立面图、右侧立面图。有时也可按房屋的朝向来命名立面图的名称，如南立面图、北立面图、西立面图、东立面图。立面图的名称还可以根据立面图两端的轴线编号来命名，如①~⑩立面图、⑩~①立面图等。

二、建筑立面图的有关规定及要求

1. 定位轴线

在立面图中一般只画出两端的定位轴线及其编号，以便与平面图对照阅读。

2. 图线

为了使立面图外形清晰，富有立体感，立面图常采用不同的线型来画。一般规定为：立面图的外包轮廓线用粗实线表示；室外地面线用加粗粗实线表示；阳台、雨篷、门窗洞、台阶、花台等轮廓线用中粗实线表示；门窗扇及其分格线、雨水管、墙面引条线、图例、有关说明的引出线和标高符号等用细实线表示。

3. 图例

立面图和平面图一样，门、窗也按规定图例绘制。在立面图中，阳台门和部分窗中画有斜细线，是表示门窗开启方向的符号。细实线表示外开，细虚线表示内开。一般不必把所有的门窗都画上开启符号，凡是型号相同的，只画出其中的一、二个即可。

4. 标高

立面图上的高度尺寸主要用标高的形式来标注，一般只标注主要部位的相对标高，如室外地面、入口处地面、窗台、门窗顶、檐口等处的标高。标高一般标注在图形外，在所需标注处画一引出线，标高符号应大小一致，排在同一竖直线上。

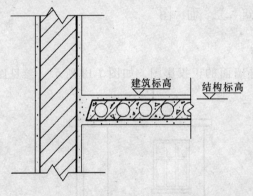

图 7-14　建筑标高与结构标高

标注标高时，应注意有建筑标高和结构标高之分，如图 7-14 所示。标注构件的上顶面标高时（窗台顶面除外），应标注建筑标高（包括粉刷层在内的装修完成后的标高），标注构件的下底面标高时，应标注结构标高（不包括粉刷层在内的结构部位的标高）。

5. 其他规定及要求

平面形状曲折的建筑物，可绘制展开立面图。圆形或多边形平面的建筑物可分段展开绘制立面图，但均应在图名后加注"展开"二字。

在立面图中，凡需绘制详图的部位，应画上索引符号。另外，还应用文字的形式注明外墙面、檐口等处的装饰装修要求。

三、建筑立面图识图示例

图 7-15 ~ 图 7-18 为某学校办公楼的南立面图、北立面图、西立面图、东立面图。

阅读建筑立面图时，应与建筑平面图、建筑剖面图对照，特别应注意建筑物体型的转折与凸凹变化。

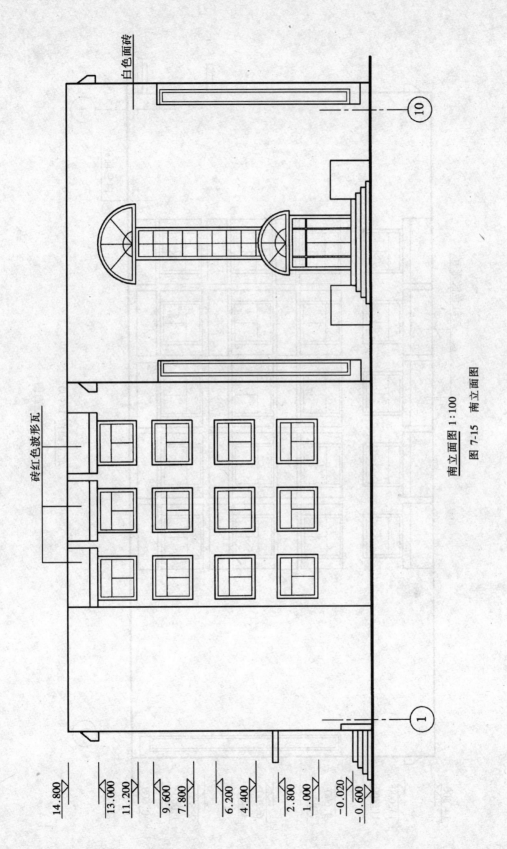

图 7-15 南立面图

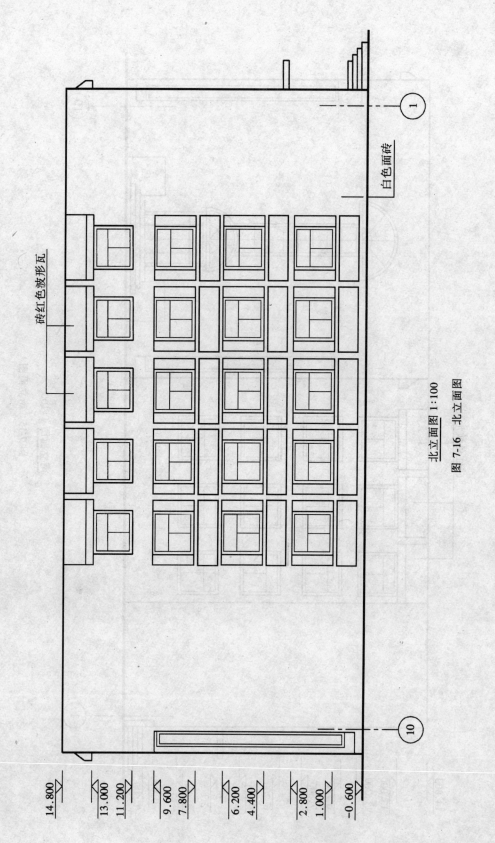

图 7-16 北立面图

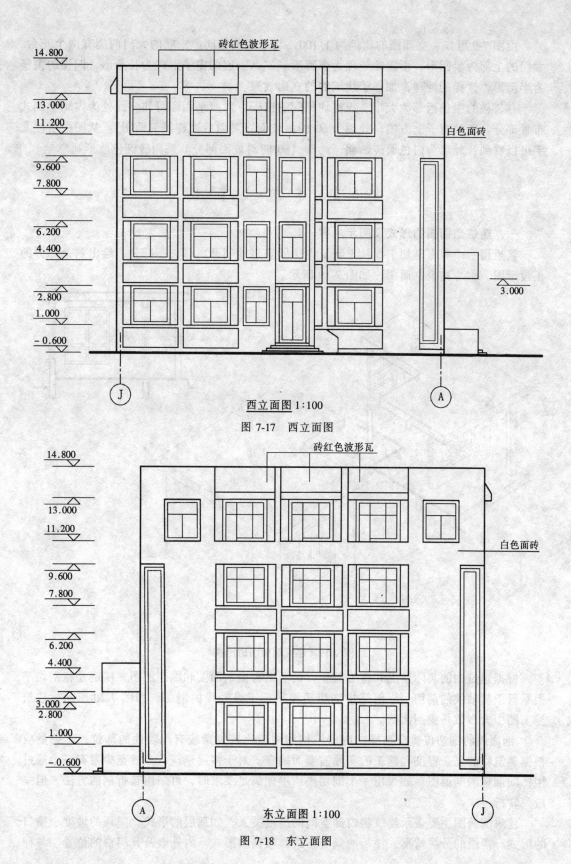

图 7-17 西立面图

图 7-18 东立面图

由图7-9可知，立面图的比例为1∶100，与平面图相同。东端的大门两侧有两个花台，大门的上部为半圆形，雨篷亦处理为半圆形。二、三层的窗子形式为长条形，四楼的窗子为半圆形，这样的处理，加强了建筑物的立面效果。

办公楼的中偏西部为大小、规格均相同的窗子，对照平面图可知，此处为内廊单侧式布置部分。四楼窗子上方檐口处理为60°的斜坡面（对照后面建筑剖面图）。从图中所注文字可以看到，外墙为白色面砖贴面，局部（60°的斜坡面部分）采用砖红色波形瓦。

第五节 建筑剖面图

一、建筑剖面图的形成及图示内容

假想用一个竖直剖切平面从上到下将房屋垂直地剖开，移去一部分，绘出剩余部分的正投影图，称为建筑剖面图，如图7-19所示。

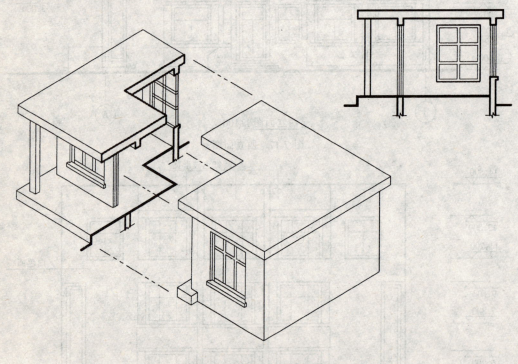

图 7-19 建筑剖面图的形成

根据建筑物的实际情况和施工需要，剖面图有横剖面图和纵剖面图。横剖是指剖切平面平行于横轴线的剖切，纵剖是指剖切平面平行于纵轴线的剖切，如图7-20所示。建筑施工图中大多数是横剖面图。

剖面图的剖切位置应选择在内部结构和构造比较复杂或有代表性的部位，其数量应根据建筑物的复杂程度和施工的实际需要而确定。对于多层建筑，一般至少要有一个通过楼梯间剖切的剖面图。如果用一个剖切平面不能满足要求时，可采用转折剖的方法，但一般只转折一次。

建筑剖面图主要表示建筑物内部空间的高度关系，如顶层的形式、屋顶的坡度、檐口的形式、楼层的分层情况、楼板的搁置方式、楼梯的形式、内外墙及其门窗的位置、各种承重梁和连系梁的位置以及简要的结构形式和构造方法等。

建筑剖面图中一般不画出室内外地面以下的部分，基础部分将由结构施工图中的基础图来表达，因而把室内外地面以下的基础墙画上折断线。在1:100的剖面图中，室内外地面的层次和做法一般将由剖面节点详图或施工总说明来表达。因此在剖面图中，只画一条加粗粗实线来表示室内外地面线。

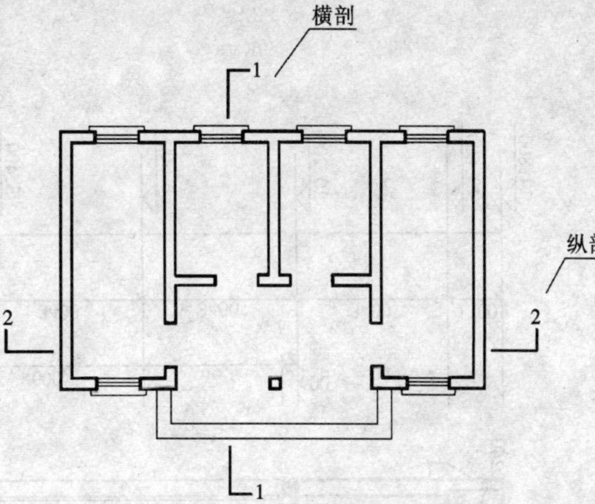

二、建筑剖面图的有关规定和要求

1．定位轴线

在剖面图中，一般只画出两端的轴线及其编号，以便与平面图对照识读。

图 7-20　横剖和纵剖

2．图线

室内外地面线用加粗粗实线表示；剖到的墙身、梁、楼板、屋面板、楼梯段、楼梯平台等轮廓线用粗实线表示；未剖切到但可见的门窗洞、楼梯段、楼梯扶手和内外墙的轮廓线用中粗实线表示；门窗扇及其分格线、雨水管等用细实线表示。尺寸线、尺寸界线、引出线和标高符号亦画成细实线。

3．图例

剖面图与平面图、立面图一样，门窗也应按规定的图例绘制。

在1:100的剖面图中，剖切到的砖墙和钢筋混凝土的材料图例画法与1:100的平面图相同。

4．尺寸标注

建筑剖面图中，主要标注高度尺寸和标高。外墙的高度尺寸应标注三道尺寸。最外侧的一道尺寸为室外地面以上的总高尺寸；中间一道为层高尺寸，即底层地面到二层楼面、各层楼面到上一层楼面、顶层楼面到檐口处的屋面的尺寸；同时还应注明室内外地面的高差尺寸以及檐口的高度尺寸。最里面的一道尺寸为门窗洞及洞间墙的高度尺寸。此外，还应标注某些局部尺寸，如内墙上门窗洞的高度尺寸、窗台的高度尺寸、以及有些不另画详图的构配件尺寸等。剖面图上两轴线间的尺寸也必须注出。

在建筑剖面图中，除标注高度尺寸外，还必须注明室内外地面、楼面、楼梯平台面、屋顶檐口顶面等处的建筑标高以及某些梁的底面、雨篷底面等处的结构标高。

5．其他规定及要求

在剖面图中，凡需绘制详图的部位，均应画上索引符号。剖面图的剖切位置应到底层平面图中查找。

三、建筑剖面图识图示例

图 7-21、图 7-22 分别为某学校办公楼的 1—1 剖面图和 2—2 剖面图。阅读建筑剖面图时应以建筑平面图为依据，由建筑平面图到建筑剖面图，由外部到内部，由下到上，反复对照查阅，形成对房屋的整体认识。

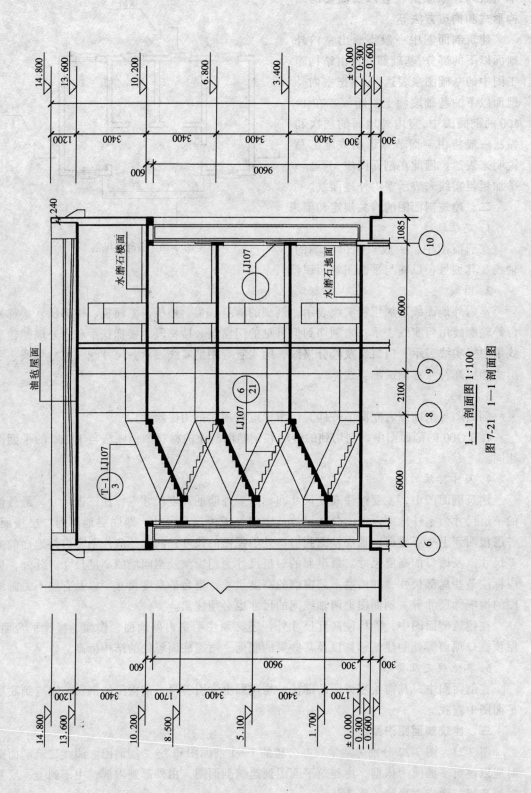

图7-21 1—1剖面图

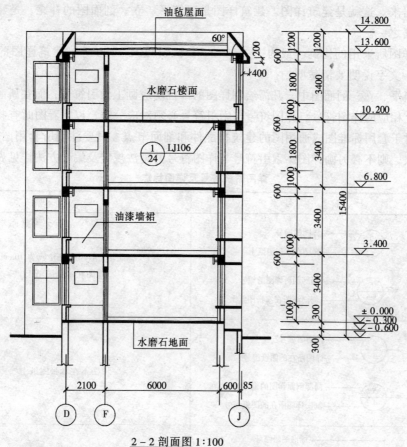

图 7-22　2—2 剖面图

由底层平面图中的剖切符号可知，1—1 剖面图是通过大门厅、楼梯间的一个横剖面图，仅表达了办公楼东端剖切部分的内容。而中、西部的未剖到部分与南立面图相同，故在此不再表示，用折断线表示。

1—1 剖面图的剖切位置通过每层楼梯的第二个梯段，而每层楼梯的第一个梯段则为未剖到而可见的梯段，但各层之间的休息平台是被剖切到的。图中的涂黑断面均为剖到的钢筋混凝土构件的断面。四层楼板下方的涂黑断面表示该办公楼的圈梁和连系梁。该办公楼的屋顶为平屋顶，利用屋面材料做出坡度形成双坡排水，檐口采用包檐的形式。办公楼的层高为 3.400m，室内、外地面的高差为 0.600m，檐口的高度为 1.200m。另外，从图中还可以得知各层楼面、休息平台面、屋面、檐口顶面的标高尺寸。

图中注写的文字表明办公楼采用水磨石楼、地面，屋面为油毡屋面。

第六节　建　筑　详　图

建筑平面图、立面图、剖面图一般采用较小的比例，在这些图纸上难以表示清楚建筑物某些部位的详细情况，根据施工需要，必须另外绘制比例较大的图样，将某些建筑构配件（如门、窗、楼梯等）及一些构造节点（如檐口、勒脚等）的形状、尺寸、材料、做法详细表达出来。这就是建筑详图。建筑详图是建筑平、立、剖面图的补充,是建筑施工中的重要依据之一。

建筑详图所采用的比例一般为1:1、1:2、1:5、1:10、1:20等。建筑详图的尺寸要齐全、准确,文字说明要清楚明白。

在建筑平、立、剖面图中,凡需绘制详图的部位均应画上索引符号,而在所画出的详图上则应编上相应的详图符号。详图符号与索引符号必须对应一致,以便看图时查找相互有关的图纸。对于套用标准图或通用图的建筑构配件和剖面节点,只要注明所套用图集的名称、编号和页次,则不必另画详图。索引符号与详图符号的画法规定及编号方法详见表7-3。

详图索引符号及详图标志　　　　　　　　表7-3

名称	符号	说明
详图的索引标志	⑤— 详图的编号／详图在本张图纸上；⑤— 局部剖面详图的编号／剖面详图在本张图纸上	细实线单圆圈直径应为10mm 详图在本张图纸上
	5/4 详图的编号／详图所在的图纸编号；5/4 局部剖面详图的编号／剖面详图所在的图纸编号	详图不在本张图纸上
	J103 5/4 标准图册编号／标准详图编号／详图所在的图纸编号	标准详图
详图的标志	⑤ 详图的编号	粗实线单圆圈直径应为14mm 被索引的在本张图纸上
	5/2 详图的编号／被索引的图纸编号	被索引的不在本张图纸上

建筑详图包括局部构造详图(如外墙剖面详图、楼梯详图、门窗详图等)、房间设备详图(如厕所详图、实验室详图等)及内外装修详图(如顶棚详图、花饰详图等)。

一、外墙剖面详图

1．外墙剖面详图的形成及表达内容

外墙剖面详图实际上是建筑剖面图中有关部位的局部放大图。外墙剖面详图主要表达房屋的屋面、楼面、地面和檐口的构造,楼板与墙的连接以及窗台、窗顶、勒脚、踢脚、室内外地面、防潮层、散水等处的构造、尺寸和用料等。

外墙剖面详图往往在窗洞中间断开,成为几个节点详图的组合。多层房屋中如各层情况相同时,则可只画出底层、一个中间层和顶层。有时,也可不画整个墙身详图,只分别用几个节点详图表示。

阅读外墙剖面详图时，首先应根据详图中的轴线编号找到所表示的建筑部位，然后与平、立、剖面图对照阅读。看图时应由下而上或由上而下逐个节点阅读，了解各部位的详细做法与构造尺寸，并注意与总说明中的材料做法表核对。

2. 外墙剖面详图识图示例

图 7-23 为某学校办公楼的外墙剖面详图。由详图中的轴线编号并对照平、立、剖面图可知，该外墙为办公楼的东外墙。由于该办公楼二、三层楼层处构造相同，而四层楼层处构造做法与二、三层有所区别，所以阅读时可分为四大部分。第一部分为勒脚、地面、散水、防潮层；第二部分为二、三层楼层处节点；第三部分为四楼楼层处节点；第四部分为檐口节点。

(1) 勒脚、散水节点

由图可以看出房屋外墙的防潮、防水和排水的做法。在底层室内地面以下 60mm 处设置 370mm×240mm 的基础圈梁一道，兼起防潮层的作用，以防土壤中的水分和潮气从基础墙上升而侵蚀上面的墙身。在外墙面，在室外地面 300～600mm 高度范围内，应用防水和耐久性好的材料做成勒脚，以保护接近地面部分的墙身免受雨水侵蚀，同时也防止各种机械性的破坏。有时考虑立面处理的需要，勒脚高度可不受限制。本例中勒脚的做法与整个外墙面相同，均为白色面砖贴面。沿外墙四周向外做出的倾斜坡面叫做散水，散水的作用是迅速排走勒脚附近的水以防雨水或地面水侵蚀墙基。本例中的散水为混凝土散水。基层为素土夯实，垫层为 100mm 厚的 C15 混凝土，面层为 20mm 厚的 1:2 水泥砂浆抹面，坡度为 2%，散水宽度为 1000mm。图中还表明室内地面为水磨石地面，室内墙面踢脚板为水磨石踢脚，墙身厚度为 370mm。

(2) 二三层楼层处节点

窗台为预制钢筋混凝土窗台，外窗台挑出墙面 900mm，内墙面凹进窗台 120mm，从而使窗台下方的墙身厚度变为 240mm，形成散热器槽，以利于散热器的安装。窗台的面层做法与外墙面的做法一致，为白色面砖贴面。窗台顶面做出一定的坡度以利排水，窗台底面做出滴水斜口，以免雨水顺流渗入下面的墙身。从窗顶部分可以看出过梁和圈梁的构造做法，门窗过梁的作用是为了承受门窗洞口上部的荷载并将其传到两侧的墙上。圈梁的作用是提高建筑物的整体性。本例中为 L 形钢筋混凝土圈梁，圈梁兼起过梁的作用。圈梁挑出外墙 900mm，与窗台一起形成立面上的线脚，从而加强立面的效果。在圈梁底的外侧做出滴水斜口，以防外墙面上的雨水顺流到墙上。从图中还可以看出，楼板为预制钢筋混凝土空心板，楼板与该外墙平行，该外墙不直接承受板重。楼面为水磨石楼面。

(3) 四层楼层处节点

该外墙处设置了门联窗以通向外面的阳台。圈梁与阳台板、阳台栏杆浇筑在一起。阳台楼面板的顶面标高为 10.180m，比四楼楼面低 20mm。阳台楼面板顶面向外抹出一定的坡度，以便将雨水排除。

(4) 檐口节点

本例中屋顶的承重层为预制钢筋混凝土空心板，板上做水泥炉渣和加气混凝土保温隔热层，待水泥砂浆找平后，再做二毡三油的防水层。檐口的形式为挑檐，挑檐天沟与圈梁浇筑在一起。为增强立面效果，挑檐的立面做 60°的斜坡面，上贴砖红色波形瓦。在挑檐的内侧根部做成垂直面，并预埋防腐木砖以固定油毡防水的收头。

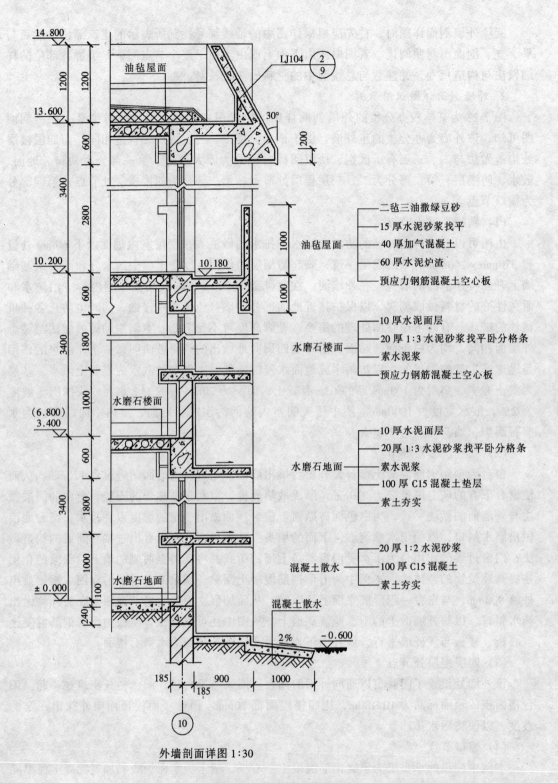

图 7-23 外墙剖面详图

在墙身详图中,应注明室内底层地面、室外地面、楼层地面、窗台、窗顶、顶棚及檐口底面的标高。当同一个图上有几个标高数字时,带括号的数字表示与此相应的高度上,该图形仍然适用。

此外，在墙身详图中，还应注明高度方向的尺寸及墙身细部的大小尺寸。

二、楼梯详图

楼梯是多层房屋中上下交通的主要设施。楼梯是由楼梯段、休息平台、栏杆或栏板组成的。楼梯的构造比较复杂，在建筑平面图和建筑剖面图中没有将其表示清楚，所以必须另画详图表示。楼梯详图主要表示楼梯的类型、结构形式、各部位的尺寸及装修做法等。是楼梯施工放样的主要依据。

楼梯详图一般分建筑详图与结构详图，应分别绘制并编入建筑施工图和结构施工图中。对于一些构造和装修较简单的现浇钢筋混凝土楼梯，其建筑详图和结构详图可合并绘制，编入建筑施工图或结构施工图均可。

楼梯的建筑详图包括楼梯平面图、楼梯剖面图以及踏步和栏杆等节点详图。楼梯平面图与剖面图比例要一致，以便对照阅读。踏步、栏杆等节点详图比例要大些，以便能清楚地表达该部分的构造情况。

1. 楼梯平面图

假想用一个水平剖切平面在每一层（楼）地面以上1m的位置将楼梯间剖开，移去剖切平面以上部分，绘出剩余部分的水平正投影图，称为楼梯平面图，如图7-24表示。

对于多层房屋，一般应分别画出底层楼梯平面图、顶层楼梯平面图及中间各层的楼梯平面图。如果中间各层的楼梯位置、梯段数量、踏步数、梯段长度都完全相同时，可以只画一个中间层楼梯平面图，这种相同的中间层的楼梯平面图称为标准层楼梯平面图。必须指出，在标准层楼梯平面图中的楼层地面和休息平台面上应标注出各层楼面及平台面相应的标高，其次序应由下而上逐一注写。

楼梯平面图主要表明梯段的长度和宽度、上行或下行的方向、踏步数和踏面宽度、楼梯休息平台的宽度、栏杆扶手的位置以及其他一些平面形状。

楼梯平面图中，楼梯段被水平剖切后，其剖切线是水平线，而各级踏步也是水平线，为了避免混淆，剖切处规定画45°折断符号，首层楼梯平面图中的45°折断符号应以楼梯平台板与梯段的分界处为起始点画出，使第一梯段的长度保持完整。

楼梯平面图中，梯段的上行或下行方向是以各层楼地面为基准标注的。向上者称上行，向下者称下行，并用长线箭头和文字在梯段上注明上行、下行的方向及踏步总数。

在楼梯平面图中，除注出楼梯间的开间和进深尺寸、楼地面和平台面的尺寸及标高外，还需注出各细部的详细尺寸。通常用踏面数与踏面宽度的乘积来表示梯段的长度。通常三个平面图画在同一张图纸内，并互相对齐，这样既便于阅读，又可省略标注一些重复的尺寸。

阅读楼梯平面图时，要掌握各层平面图的特点。在底层平面图中，只有一个被剖到的梯段和栏板，该梯段为上行梯段，故长箭头上注明"上"字并注出从底层到达二层的踏步总数为20级。本例还画出楼梯底下的储藏室以及储藏室的三级踏步。顶层平面图中由于剖切平面在安全栏板之上，故剖切平面未剖到任何梯段，能看到两段完整的下行梯段和楼梯平台，在梯口处只有一个注有"下"字的长箭头并注出从顶层到达下一层的踏步总数为20级。标准层平面图中既画出被剖到往上走的梯段（画有"上"字的长箭头），还画出该层往下走的完整梯段（画有"下"字的长箭头）、楼梯平台及平台往下的部分梯段。这部分梯段与被剖到的梯段的投影重合，以45°折断线为界。

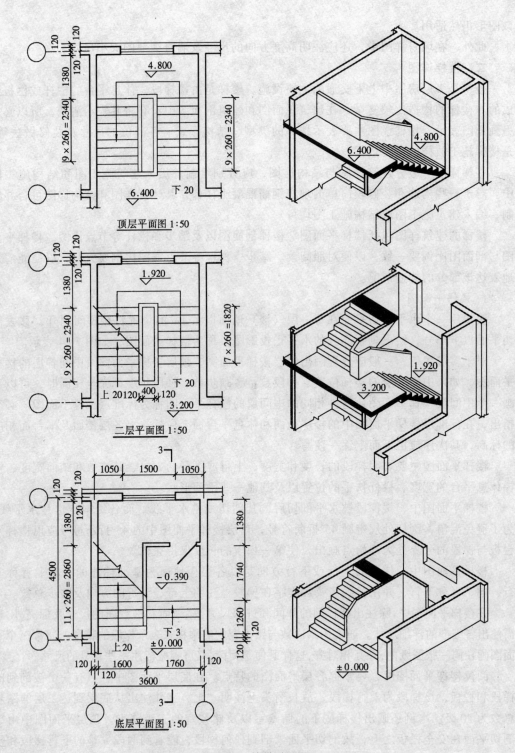

图 7-24 楼梯平面图

读图中还应注意的是,各层平面图上所画的每一分格表示梯段的一级。但因最高一级的踏面与平台面或楼面重合,所以平面图中每一梯段画出的踏面数,总比级数少一个。例如底层平面图中剖到的第一梯段有 12 级,但在平面图中只有 11 格,梯段长度为 $11 \times 260 = 2860$ mm。

2. 楼梯剖面图

假想用一个竖直剖切平面沿梯段的长度方向将楼梯间从上至下剖开，然后往另一梯段方向投影所得的剖面图称为楼梯剖面图，如图7-25所示。

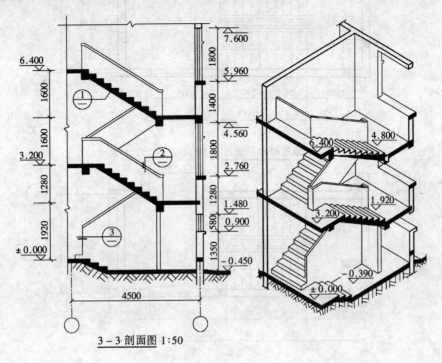

图 7-25 楼梯剖面图

楼梯剖面图能清楚的地表明楼梯梯段的结构形式、踏步的踏面宽、踢面高、级数及楼地面、楼梯平台、墙身、栏杆、栏板等的构造做法及其相对位置。

阅读楼梯剖面图时，应了解楼梯剖面图的习惯画法及有关规定。表示楼梯剖面图的剖

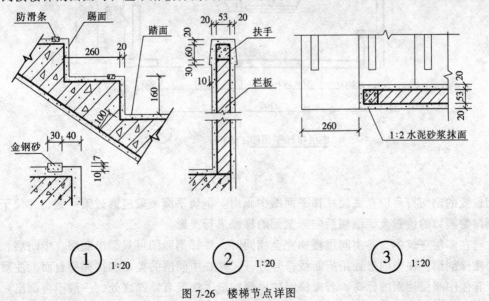

图 7-26 楼梯节点详图

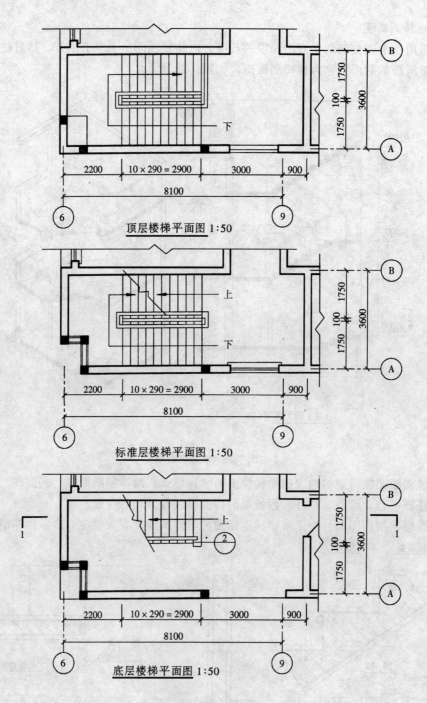

图 7-27 楼梯平面图

切位置的剖切符号应在底层楼梯平面图中画出。剖切平面一般应通过第一跑，并位于能剖到门窗洞口的位置上，剖切后向未剖到的梯段进行投影。

在多层建筑中，若中间层楼梯完全相同时，楼梯剖面图可只画出底层、中间层、顶层的楼梯剖面，在中间层处用折断线符号分开，并在中间层的楼面和楼梯平台面上注写适用于其他中间层楼面的标高。若楼梯间的屋面构造做法没有特殊之处，一般不再画出。

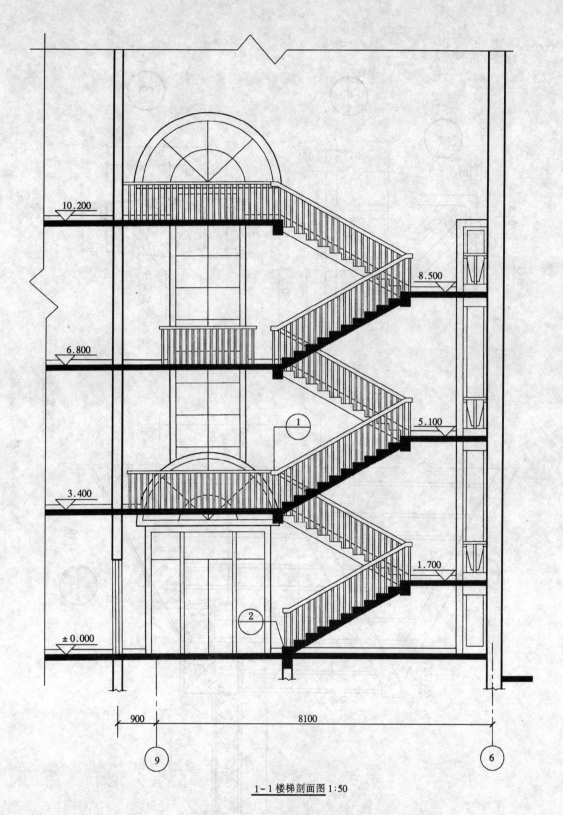

1-1楼梯剖面图 1:50

图 7-28 1—1 楼梯剖面图

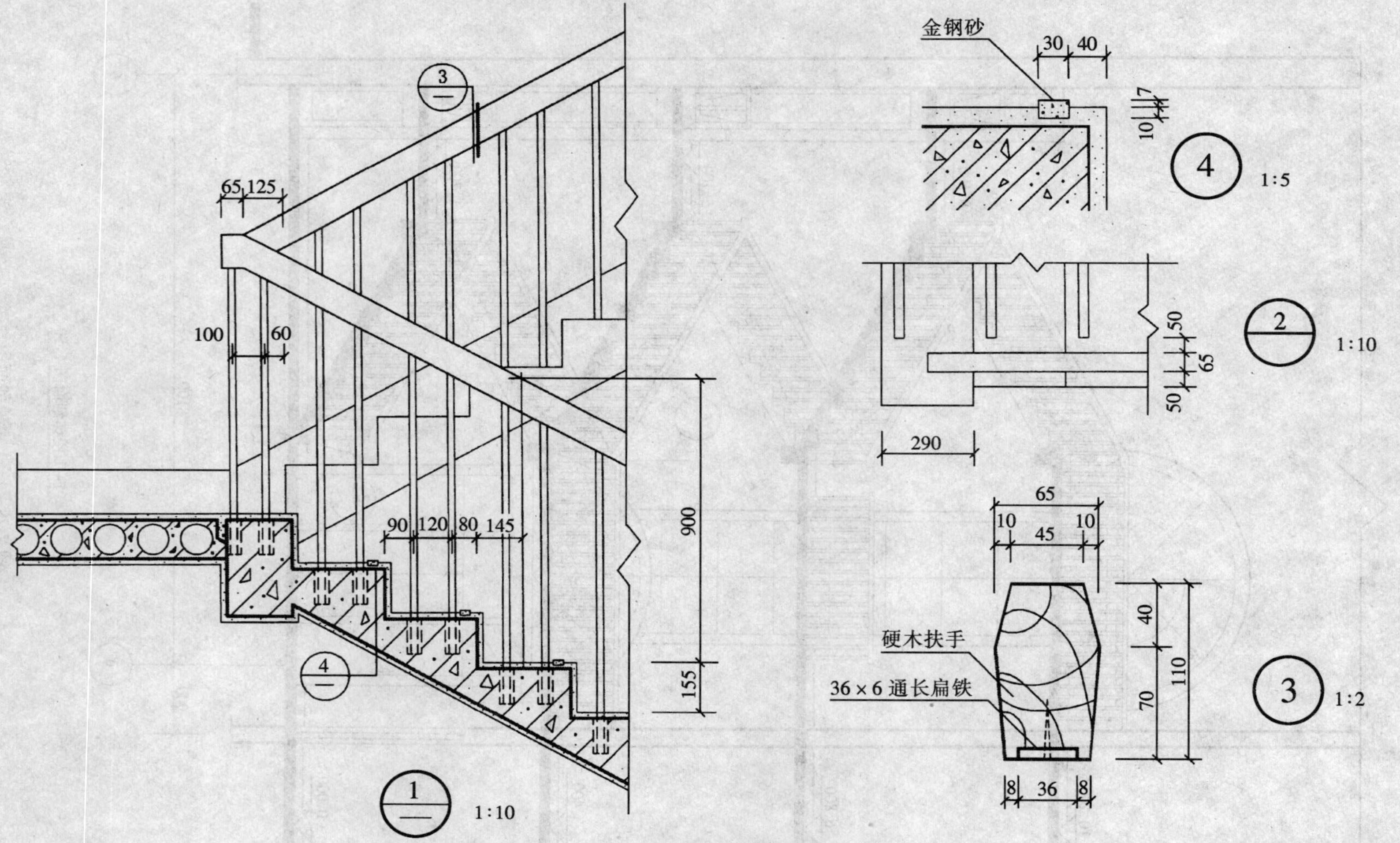

图 7-29 楼梯节点详图

在楼梯剖面图中，应标注楼梯间的进深尺寸及轴线编号，各梯段和栏杆栏板的高度尺寸，楼地面的标高以及楼梯间外墙上门窗洞口的高度尺寸和标高。梯段的高度尺寸可用级数与踢面高度的乘积来表示，应注意的是级数与踏面数相差为1，即踏面数 = 级数 − 1。

标注与梯段坡度相同的倾斜栏杆栏板的高度尺寸应从踏面的中部起垂直高线量到扶手顶面，标注水平栏杆栏板的高度尺寸应以栏杆栏板所在地面为起点量取。

在楼梯剖面图中，需另画绘详图的部位，应画上索引符号。

3．楼梯节点详图

在楼梯平面图和剖面图中没有表示清楚的踏步做法、栏杆栏板及扶手做法、梯段端点的做法等常用较大的比例另画出详图，如图7-26所示。

踏步详图表明踏步的截面形状、大小、材料及面层的做法。本例踏面宽为260mm，踢面高度为160mm，梯段厚度为100mm。为防行人滑跌，在踏步口设置了30mm的防滑条。

栏板与扶手详图主要表明栏板及扶手的型式、大小、所用材料及其与踏步的连接等情况。本例中栏板为砖砌，上做钢筋混凝土扶手，面层为水泥砂浆抹面。底层端点的详图表明底层起始踏步的处理及栏杆栏板与踏步的连接等。

本书中某学校办公楼的楼梯详图如图7-27、图7-28、图7-29所示。

第七节　绘制建筑施工图的步骤

一、建筑平、立、剖面图之间的相互关系

建筑施工图一般是按照平—立—剖—详的顺序绘制。绘图时应从大到小，先整体后局部，先骨架后细部、先底稿后加深，先绘图后注字，逐步深入细致地完成。

绘制建筑平、立、剖面图时，应注意他们的完整性和统一性。例如，立面图上外墙面的门窗布置和门窗宽度应与平面图上相应的门窗布置和门窗宽度一致。同时，立面图上各部位的高度尺寸，除了使用功能和立面的造型外，是根据剖面图中构配件的关系来确定的。因此，在设计和绘图中，立面图和剖面图相应的高度关系必须一致，立面图和平面图相应的长度和宽度关系必须一致。

对于小型的房屋，当平、立、剖面图能够画在同一张图纸上时，则利用他们相应部分的一致性来绘图，就更为方便。

二、建筑施工图的绘图步骤

绘制建筑施工图时，应先画定位轴线，然后画出建筑构配件的形状和大小，再画出各个建筑细部，经检查无误后，按施工图的线型要求加深图线。图形完成后，再注写尺寸、标高数字、索引符号和有关说明等。

绘制建筑平、立、剖面图时，除按上述步骤绘图外，还有许多习惯画法。

画图时，同类型的线和同方向的线尽可能一次画完，以免三角板、丁字尺来回移动。相等的尺寸和同一方向的尺寸尽可能一次量出。描图上墨时，应先上部后下部，先左边后右边，先水平线后垂直线和倾斜线，先曲线后直线。

绘图时,没有固定的模式,只要把以上几个方面有机地结合起来,就会取得理想的效果。

现以某学校办公楼为例，说明建筑施工图的画法步骤。

1. 建筑平面图的画法步骤,如图7-30所示

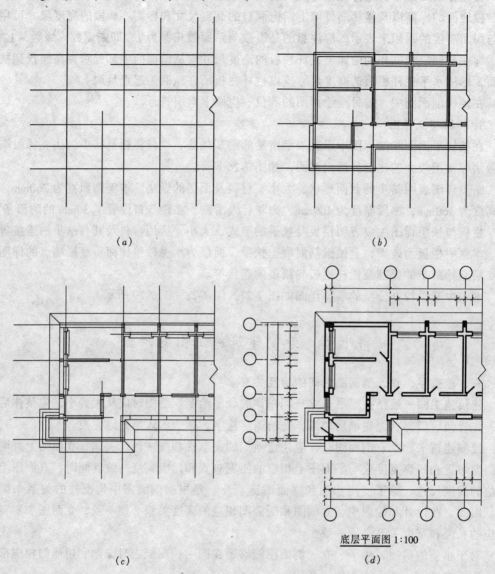

图7-30 建筑平面图的画法步骤

(1) 定轴线。
(2) 根据轴线确定墙身厚度。
(3) 画细部,如门窗洞、楼梯、台阶、卫生间等。
(4) 经检查无误后,擦去多余的图线,按平面图的线型要求加深图线。
(5) 标注轴线、尺寸、门窗编号、剖切符号、图名、及有关文字说明。

2. 建筑立面图的画法步骤,如图7-31所示

(1) 定室外地坪线、外墙轮廓线和屋顶线。
(2) 画细部,如檐口、窗台、雨篷、阳台、雨水管等。
(3) 经检查无误后,擦去多余图线,按立面图的线型要求加深图线,并完成装饰细部。

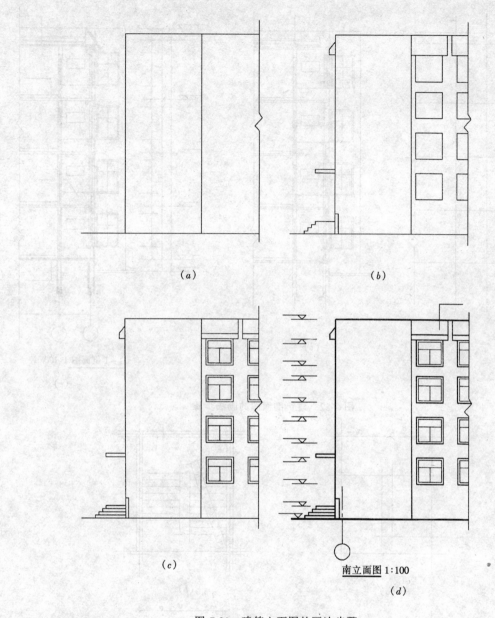

图 7-31 建筑立面图的画法步骤

(4) 标注轴线、标高、图名、比例及有关文字说明等。

3. 建筑剖面图的画法步骤，如图 7-32 所示

(1) 定轴线、室内外地坪线、楼面线、屋面线。

(2) 画细部，如门窗洞、墙身、楼梯、梁板、雨篷、檐口、屋面等。

(3) 经检查无误后，擦掉多余线条，按照剖面图的线型要求加深图线，并画出断面的材料图例。

(4) 标注标高、尺寸、轴线、索引符号、图名、比例及有关的文字说明。

4. 楼梯平面图的画法步骤，如图 7-33 所示

(1) 确定楼梯间的轴线位置，并画出梯段长度、平台深度、梯段宽度、梯井宽度等。

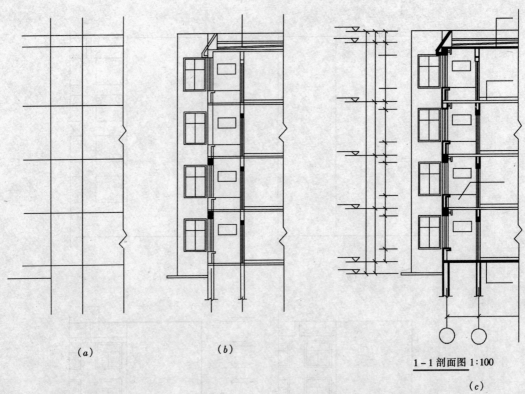

图 7-32 建筑剖面图的画法步骤

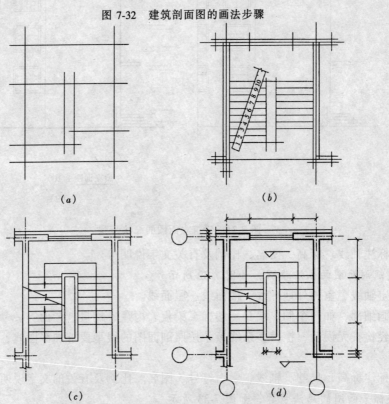

图 7-33 楼梯平面图的画法步骤

(2) 根据踏面数、踏面宽度，用几何作图中等分平行线的方法等分梯段长度，画出踏步。

(3) 画栏杆、箭头等细部，并按线型要求加深图线。

(4) 标注标高、尺寸、轴线、图名、比例等。

5．楼梯剖面图的画法步骤，如图 7-34 所示

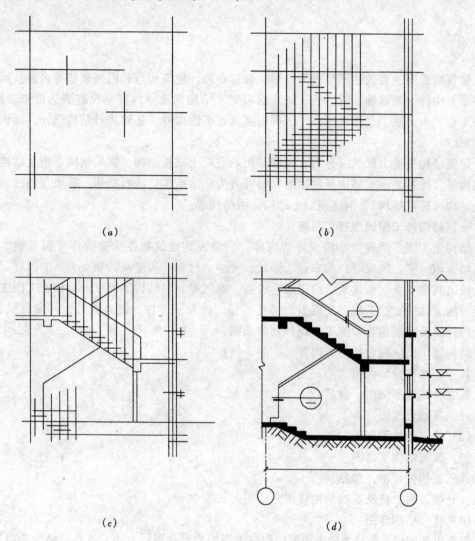

图 7-34 楼梯剖面图的画法步骤

绘制楼梯剖面图时，应注意图形比例应与楼梯平面图一致。画栏杆、栏板时，其坡度应与梯段一致。具体画法步骤如下。

(1) 确定楼梯间的轴线位置，画出楼地面、平台面与梯段的位置。

(2) 确定墙身并定踏步位置，确定踏步时，仍用等分平行线间距的方法。

(3) 画细部，如窗、梁、栏杆等。

(4) 经检查无误后，按线型要求加深图线。

(5) 标注轴线、尺寸、标高、索引符号、图名、比例等。

第八章 结构施工图

第一节 概述

建筑施工图主要表达了房屋的外形，内部布局，建筑构造和内外装修等内容。而房屋的各承重构件（如基础、梁、板、柱）的布置，结构构造等内容都没有表达出来。因此，在房屋设计中，除了进行建筑设计，画出建筑施工图以外，还要进行结构设计，画出结构施工图。

建筑结构按受力形式可分为：砖墙与钢筋混凝土梁板结构、框架结构、桁架结构、空间结构等。按主要承重结构所使用的材料可分为：木结构、砖石结构、砖墙与钢筋混凝土梁板结构（砖混结构）、钢筋混凝土结构、钢结构等。

一、结构施工图的内容和用途

结构施工图主要表达结构设计的内容，它是表达建筑物各承重构件（如基础、承重墙、梁、板、柱、屋架等）的布置、形状、大小、材料、构造及其相互关系的图样。它还要反映出其他专业（如建筑、给排水、暖通、电气等）对结构的要求。结构施工图主要用来作为施工放线、挖基槽、支模板、绑扎钢筋、设置预埋件、浇筑混凝土，安装梁、板、柱等构件以及编制预算和施工组织计划的依据。

结构施工图一般包括下列内容

其一，结构设计说明

其二，结构平面图，包括：

（1）基础平面图

（2）楼层结构平面图

（3）屋面结构平面图

其三，构件详图，包括：

（1）梁、板、柱及基础结构详图

（2）楼梯结构详图

本章以某四层办公楼为例来说明结构施工图的内容和图示方法。该办公楼为砖混结构，采用了条形基础、砖墙承重，其他承重构件都是采用的钢筋混凝土结构。砖墙布置的尺寸已在建筑施工图中表明，故不必再画其结构施工图，而只要在施工总说明中说明砖和砌筑砂浆的规格和强度等级。钢筋混凝土构件的布置图和结构详图是本章阐述的主要内容。

二、钢筋混凝土结构的基本知识和图示方法

混凝土是由水泥、砂、石子和水按一定比例搅拌而成。把它灌入定形模板，经振捣密实和养护凝固后就形成坚硬如石的混凝土构件。混凝土的抗压强度较高，但抗拉强度较低，容易因受拉而断裂。为了提高混凝土构件的抗拉能力，常在混凝土构件的受拉区配置一定数量的钢筋。由混凝土和钢筋两种材料构成整体的构件，叫做钢筋混凝土构件。它们有工地现浇的,也有工厂预制的,分别叫做现浇钢筋混凝土构件和预制钢筋混凝土构件。此外,有的构件在制作时通过张拉钢筋对混凝土预加一定的压力,以提高构件的抗拉和抗裂性能,叫做预应力钢筋混凝土构件。

1. 混凝土强度等级和钢筋等级

混凝土按其抗压强度的不同分为不同的强度等级。常用的混凝土强度等级有 C15、C20、C30、C40 等。

钢筋按其强度和品种分成不同的等级,并分别用不同的直径符号表示:

Ⅰ级钢筋(即 Q235 光圆钢筋)——Φ

Ⅱ级钢筋(如 16 锰人字纹钢筋)——Φ

Ⅲ级钢筋(如 25 锰硅人字纹钢筋)——Φ

Ⅳ级钢筋(圆和螺纹钢筋)——Φ

Ⅴ级钢筋(螺纹钢筋)——$Φ^R$

冷拔低碳钢丝——$Φ^b$

2. 钢筋的名称和作用

如图 8-1 所示,按构件中钢筋所起作用的不同,可分为:

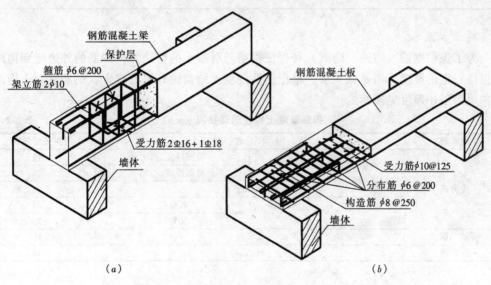

图 8-1 钢筋混凝土构件的配筋构造
(a) 钢筋混凝土梁;(b) 钢筋混凝土板

(1) 受力筋:是构件中主要的受力钢筋。一般是承受构件中的拉力,叫做受拉筋。在梁、柱构件中有时还需要配置承受压力的钢筋,叫做受压筋。

(2) 箍筋:是构件中承受剪力或扭力的钢筋,同时用来固定纵向钢筋的位置,一般用于梁或柱中。

(3) 架力筋:它与梁内的受力筋一起构成钢筋的骨架。

(4) 分布筋:它与板内的受力筋一起构成钢筋的骨架。

(5) 构造筋:因构件的构造要求和施工安装需要配置的钢筋。架力筋和分布筋也属于构造筋。

构造中若采用Ⅰ级钢筋（表面光圆钢筋），为了加强钢筋与混凝土的粘结力，Ⅰ钢筋的两端一般做成半圆形弯钩；若采用Ⅱ级或Ⅱ级以上的钢筋（表面带突纹的钢筋），则钢筋的两端一般不必做弯钩。有弯钩钢筋端部及重影在一起的钢筋搭接情况可以直接由弯钩表示出来。由于Ⅱ级或Ⅱ级以上的钢筋不做弯钩，因此在立面图中当几根钢筋重叠时，就表示不出钢筋的终端位置。现规定用45°方向的短粗线作为无弯钩钢筋的终端符号。常用钢筋的图例及搭接形式见表8-1。

常用钢筋的图例及搭接形式　　　　　　　　　　　　　　表8-1

名　称	图　例
带半圆形弯钩的钢筋端部	
带半圆形弯钩的钢筋搭接	
无弯钩的钢筋端部，长短钢筋投影重叠可在短钢筋的端部用45°短粗线表示	
无弯钩的钢筋搭接	
带直钩的钢筋端部	
带直钩的钢筋搭接	

3. 保护层

为了保护钢筋（防蚀、防火）和保证钢筋与混凝土的粘结力，钢筋的外边缘到构件表面保持一定的厚度，叫做保护层。根据钢筋混凝土结构设计规范规定，钢筋混凝土构件的保护层的最小厚度见表8-2。

钢筋混凝土构件的保护层（mm）　　　　　　　　　　　表8-2

钢　筋	构　件　名　称		保护层厚度
受力筋	墙、板和环形构件	截面厚度≤100	10
		截面厚度>100	15
	梁和柱		25
	基　础	有垫层	35
		无垫层	70
箍　筋	梁和柱		15
分布筋	板和墙		10

4. 图示方法

钢筋混凝土构件的外观只能看到混凝土表面和它的外形，而内部钢筋的配置情况，可假定混凝土为透明体。主要表示构件内部钢筋配置的图样，叫做配筋图。配筋图一般由立面图和断面图组成。立面图中构件的轮廓线用中实线画出；钢筋简化为单线，用粗实线表示。断面图中剖到的钢筋圆截面画成黑圆点，其余未剖到的钢筋仍画成粗实线，并规定不画材料图例。钢筋混凝土构件的配筋图将在本章梁、板、柱的结构详图中详细阐述。对于外形比较复杂或设有预埋件（因构件安装或与其他构件连接需要，在构件表面预埋钢板或螺栓等）构件，还要另外画出表示外形和预埋件位置的图样，叫做模板图。在模板图中，应标注出构件的外形尺寸（也称模板尺寸）和预埋件型号及其定位尺寸。它是制作构件模板和安放预埋件的依据。对于外形比较简单又无预埋件的构件，因在配筋图中已标注出构件的外形尺寸,就不需要画出模板图。

5. 钢筋的尺寸注法

钢筋的直径、根数或相邻钢筋中心距一般采用引出线方式标注,其尺寸标注有下面两种形式:

(1)标注钢筋的根数和直径,如梁内受力筋和架立筋。

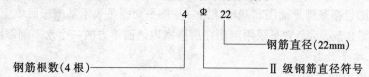

(2)标注钢筋的直径和相邻钢筋中心距,如梁内箍筋和板内钢筋。

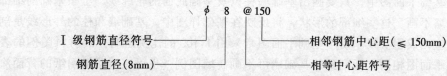

6. 常用房屋结构构件代号

在结构施工图中,常需要注明构件的名称。这时,用汉字注写不方便。因此,常采用代号表示。构件的代号,通常以构件名称的汉语拼音第一个大写字母表示。表8-3是常用结构构件代号。

常用结构构件代号 表8-3

序号	名称	代号	序号	名称	代号	序号	名称	代号
1	板	B	15	吊车梁	DL	29	基础	J
2	屋面板	WB	16	圈梁	QL	30	设备基础	SJ
3	空心板	KB	17	过梁	GL	31	桩	ZH
4	槽形板	CB	18	连系梁	LL	32	柱间支撑	ZC
5	折板	ZB	19	基础梁	JL	33	垂直支撑	CC
6	密肋板	MB	20	楼梯梁	TL	34	水平支撑	SC
7	楼梯板	TB	21	檩条	LT	35	梯	T
8	盖板或沟盖板	GB	22	屋架	WJ	36	雨篷	YP
9	挡雨板或檐板	YB	23	托架	TJ	37	阳台	YT
10	吊车梁安全走道板	DB	24	天窗架	CJ	38	梁垫	LD
11	墙板	QB	25	框架	KJ	39	预埋件	M
12	天沟板	TGB	26	刚架	GJ	40	天窗端壁	TD
13	梁	L	27	支架	ZJ	41	钢筋网	W
14	屋面梁	WL	28	柱	Z	42	钢筋骨架	G

第二节 基 础 图

基础图是表示建筑物室内地面以下基础部分的平面布置和详细构造的图样,它是施工时在基地上放灰线(用石灰粉线定出房屋定位轴线、墙身线、基础底面长宽线)开挖基坑和砌筑基础的依据。基础图通常包括基础平面图和基础详图。

基础的形式一般取决于上部承重结构的形式。本章实例某四层办公楼的上部结构是砖墙承重，因而它们的基础相应地设计成墙下的条形基础。另外独立基础也是常用的一种形式，本章也介绍了一个独立基础的实例。基础的形式众多，不仅与上部结构形式有关，而且因房屋的荷载大小和地基承载能力的不同，还有其他不同的基础形式，如联合基础、筏形基础、箱形基础等等，这里不作细述。本章重点介绍条形基础图和独立基础图。

一、条形基础图

条形基础图包括基础平面图和基础详图。基础平面图是表示基槽未回填土时基础平面布置的图样。如图 8-2 所示，它是采用剖切在房屋室内地面下方的一个水平剖面图来表示的。

1. 条形基础平面图

(1) 图示内容和要求

在条形基础平面图中，只要画出基础墙柱以及基础底面的轮廓线，至于基础的细部轮廓线都可省略不画。这些细部的形状，将反映在基础详图中。基础墙和柱的外形线是剖到的轮廓线，应画成粗实线。由于基础平面图常采用 1∶100 的比例绘制，故材料图例的表示方法与建筑平面图相同，即剖到的基础墙可不画砖墙图例（也可在透明描图纸的背面涂成淡红色），钢筋混凝土柱涂成黑色。条形基础的底边外形是可见轮廓线，则画成中实线。

(2) 尺寸注法

基础平面图中必须注明基础的大小尺寸和定位尺寸。基础的大小尺寸即基础墙宽度柱外形尺寸以及基础的底面尺寸，这些尺寸可直接标注在基础平面图上，也可用文字加以说明（如基础墙宽外墙 370，内墙 240）和用基础代号 J1，J2 等形式列表标注，还可以在相应的基础详图中标注基础底面的宽度。基础的定位尺寸也就是基础墙、柱的轴线尺寸（应注意它们的定位轴线及其编号必须与建筑平面图相一致）。

2. 条形基础详图

条形基础平面图只表明了基础的平面布置，而基础各部分的形状、大小、材料、构造以及基础的埋置深度等都没有表达出来，这就需要画出各部分的基础详图。条形基础详图一般采用垂直断面图来表示。图 8-3 为四层办公楼承重墙的基础详图。该承重墙的基础是条石基础。当条形基础的断面形状类似的时候，可以画在一个图上，如 J1 (3)、J2 (4)、J6 (7) 等。如 J1 (3) 中基础底面宽度 1100 表示 J1 的宽度，(900) 即表示 J3 的宽度。七种型号基础底面的宽度在基础详图中详细地表示出来。同时该图还采用详图的形式表示出内外墙基础圈梁 JQL 的配筋情况。

(1) 图示内容和要求

从基础详图中我们可以看出，本工程采用的是条石基础。石材的抗压强度较好，但抗拉、抗弯、抗剪等强度却远不如抗压强度。为了满足地基抗压强度的要求，基础底宽往往大于墙脚的宽度。在基础很宽的情况下，出挑部分很长，如不能保证有足够的高度，基础将因受弯曲或冲切而破坏。为了保证基础不受弯曲或冲切而破坏，基础必须有相应的高度。因此，根据材料的抗拉、抗剪极限强度，对基础出挑宽度与高度之比即宽高比应进行限制。所以一般基础均做成踏步状，称大放脚。此类基础称刚性基础，它常用于地基承载力较好，压缩性较小的中小型民用建筑和墙承重的轻型厂房。

在基础详图中，凡剖到的基础墙、大放脚、基础垫层等的轮廓线画成粗实线，断面内画材料图例。另外基础详图还应表示出防潮层（或基础圈梁）、室内外地坪线等位置，一般用粗实线表示。

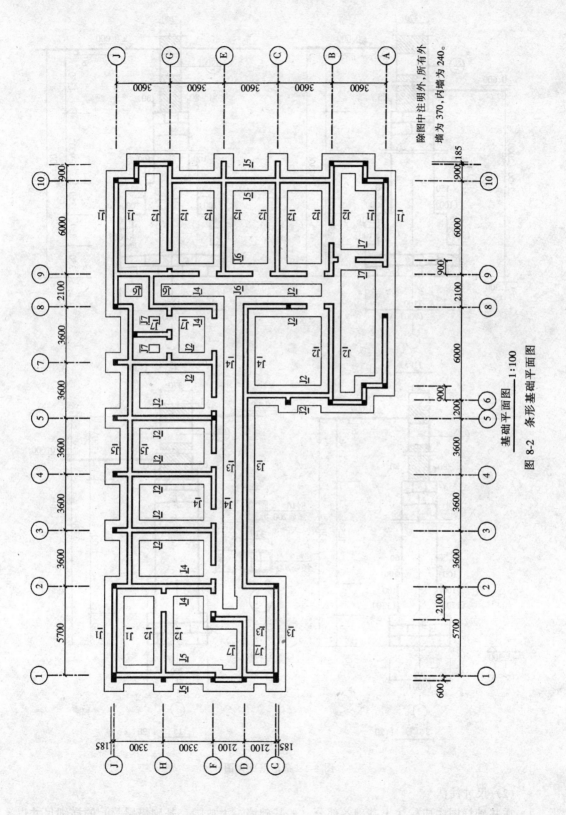

图 8-2 条形基础平面图

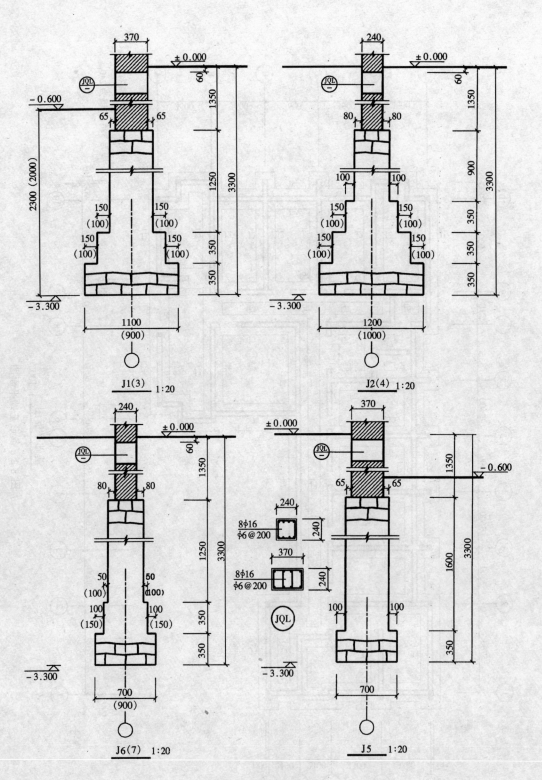

图 8-3 条形基础详图

(2) 尺寸注法

在基础详图中应标注出基础各部分(如基础墙、大放脚、基础垫层等)的详细尺寸以及室内外地面标高和基础底面(基础埋置深度)的标高。此外,本工程实例中的楼梯基础详图没有单独绘出,其具体情况可见本章第五节楼梯结构剖面图(图8-12)。由于楼梯荷载较小,其基础采用宽度为700mm,埋深为900mm的条石基础。

二、独立基础图

钢筋混凝土柱下一般采用独立基础。根据施工生产方法的不同可分为现浇柱下的独

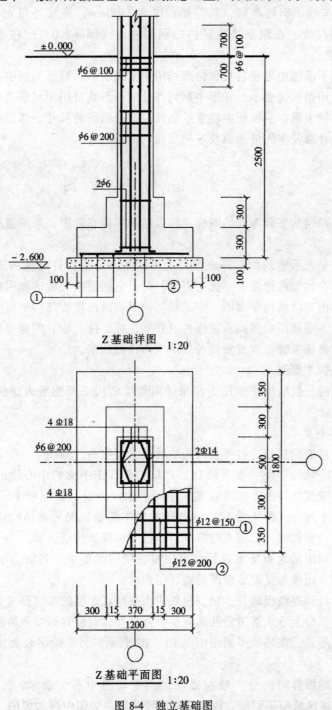

图8-4 独立基础图

立基础及预制柱下的独立基础。其中预制柱下的独立基础常做成杯口形。下面我们以现浇柱为例介绍一下相应的独立基础的情况。独立基础图通常是由平面图及垂直断面图即详图来表示。图8-4即表示了一根现浇柱子的独立基础图。其平面图采用了局部剖面的形式表示出基础的网状配筋，以及柱子的断面配筋情况。详图则表示出该柱基础垫层为100mm厚混凝土，下部做成踏步状。在柱基中预放四角 4 Φ 18（俗称插铁）及中部 4 Φ 18钢筋以便与柱子钢筋搭接，其搭接长度为1400mm，搭接处用45°短粗线表示出无弯钩钢筋的终端位置。在钢筋搭接区内的钢筋间距（ϕ6@100）比柱子箍筋间距（ϕ6@200）要适当加密。

在独立基础平面图中可见的投影轮廓线用中实线表示，局部剖面中的钢筋网及柱子的的断面配的细筋用粗实线表示。详图中剖到部分的外形线可用中实线表示，钢筋及室内外地面线可用粗实线表示。平面图中应表示出长、宽及钢筋的尺寸。详图中则应表明长、高部尺寸，钢筋尺寸以及室内外地面及基础底面的标高尺寸。

第三节　结构平面图

表示房屋上部结构平面布置的图样，叫做结构平面布置图，采用最多的是结构平面图的形式。

结构平面图是表示建筑物室外地面以上各层平面承重构件布置的图样。在多层房屋中，当底层地面直接做在地基上（无架空层）时，它的层次、做法和用料已在建筑详图中表明，无须再画出底层结构平面图。本工程实例只要画出楼层结构平面图和屋顶结构平面图，分别表示出各层楼面和屋面承重构件（如梁、板、柱、墙、门窗过梁、圈梁等）的平面布置情况。它是施工时布置或安放各层承重构件的依据。

一、楼层结构平面图

现以办公楼的三层结构平面图为例来说明楼层结构平面图所表达的内容和图示要求（图8-5）。

1. 图示内容和要求

该办公楼的楼面荷载是通过楼板传递给墙或楼面梁的。轴线④—⑦轴线间由于开间较大，所以在中间⑤轴线上设一楼面梁 L1，在结构平面图中梁的中心线的位置用粗点划线表示。在Ⓓ—Ⓗ轴线之间由于房间较宽，中间Ⓕ轴线上设一楼面梁 L2，以及在Ⓑ—Ⓓ轴线间房间较宽，中间设一楼面梁 L3，这些梁的具体配筋情况另有结构详图表示。沿着外墙以及内墙周圈设有圈梁，如遇有门窗洞口，过梁和圈梁拉通，和二为一，均用粗点划线表示。如果过梁和圈梁均有标准设计，可注写在结构说明中。各墙角中的柱子均为构造柱。Ⓐ轴线处有一雨篷，其配筋情况另有详图表示。

楼板有预制板和现浇板两种。预制板采用山东地区定型的预制预应力钢筋混凝土多孔板。为满足厕所部分上下水管道留孔的需要，并使其具有良好的防水防渗性能，厕所部分采用了现浇板的形式，在结构平面图中用 B1、B2 表示，另外绘出较大比例的局部平面图来表示。

Ⓐ—Ⓑ轴线间楼梯间部分一般在楼层结构平面图中不予表示，而用较大比例（如 1:50）单独画出楼梯结构平面图。将在后面的楼梯结构详图中再做说明。

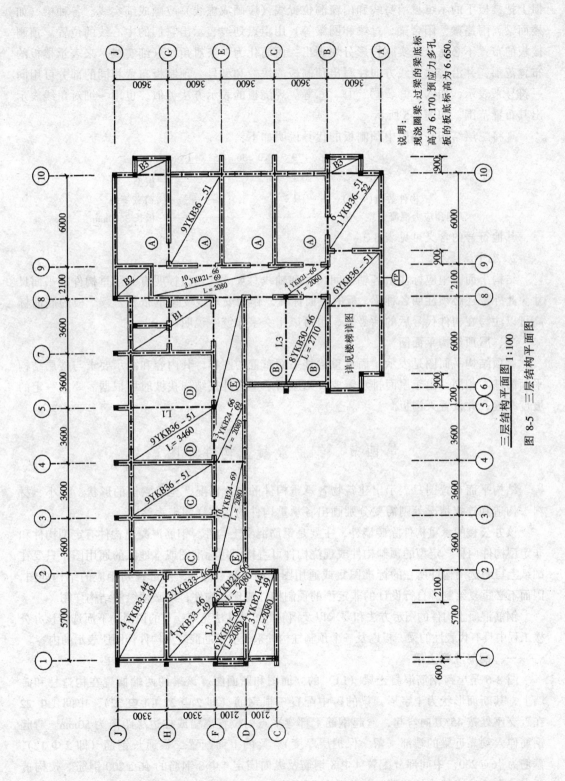

图 8-5 三层结构平面图

三层结构平面图是采用在三层楼面上方的一个水平剖面图来表示。为了画图方便，习惯上把楼板下的不可见墙身线和门窗洞位置线（应画成虚线）改画成细实线。各种梁（如楼面梁、雨篷梁、阳台梁、过梁和圈梁等）用粗点划线表示出它们的中心线的位置。预制楼板的布置不必完全按实际投影分块画出，而简化为一条对角线（细实线）来表示楼板的布置范围，并沿着对角线方向注写出预制板的块数和型号。预制板布置相同的部分可用同一符号来表示，如Ⓐ、Ⓑ、Ⓒ、Ⓓ、Ⓔ等。现浇板的表示方法类似，也用一细对角线表示出其布置范围。如图 8-5 所示

现将三层结构平面图中预制板的代号说明如下：

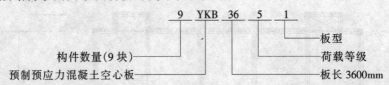

其他符号的含义可见表 8-3。

2．尺寸注法

结构平面图中应标注出各轴线间尺寸和轴线总尺寸，还应标明有关承重构件的平面尺寸。此外，还必须注明各种梁、板的底面标高，作为安装或支模的依据。梁、板的底面标高可以注写在构件代号后的括号内，也可以用文字作统一说明。

二、屋顶结构平面图

屋顶结构平面图是表示屋面承重构件平面布置的图样，其内容和图示要求与楼层结构平面图基本相同。由于屋面排水需要，当屋面承重构件按结构找坡时可根据需要按一定的坡度布置，并设置天沟板。

第四节　钢筋混凝土构件详图

结构平面布置图只表示出建筑物各承重构件的布置情况，至于它们的形状、大小、材料、构造和连接情况等则需要分别画出各承重构件的构件详图来表达。

该办公楼的承重构件除砖墙外，主要是钢筋混凝土构件。钢筋混凝土构件有定型构件和非定型构件两种。定型的预制构件或现浇构件可直接引用标准图或本地区的通用图，只要在图纸上写明选用构件所在的标准图集或通用图集的名称、代号，便可查到相应的结构详图，因而不必重复绘制。自行设计的非定型的预制构件或现浇构件，则必须绘制结构详图。

钢筋混凝土构件的图示方法和要求以及钢筋的尺寸注法见第一节的说明。下面选择该办公楼工程中具有代表性的梁、板以及一个预制柱构件来说明钢筋混凝土构件详图所表示的内容。

一、钢筋混凝土梁

图 8-6 是单跨钢筋混凝土梁（L1）的立面图和断面图。该梁的两端搁置在构造柱和砖墙上，其断面形状为十字形，梁的跨中配置三根钢筋（即 2Φ22 + 1Φ22），中间 1Φ22 在近支座处按 45°方向弯起，弯起钢筋上部弯平点的位置离墙或柱边缘距离为 50mm。弯起钢筋伸入到靠近梁的端部（留一保护层厚度）。梁的上面配置二根通长钢筋（即 2Φ12），箍筋为 φ6@200，中间部分配置 4Φ8 钢筋及纵向固定 4Φ8 钢筋的 φ6@200 钢筋。按构造要求，靠近墙或柱边缘的第一道箍筋的距离为 50mm，即与弯起钢筋上部弯平点位置一致。

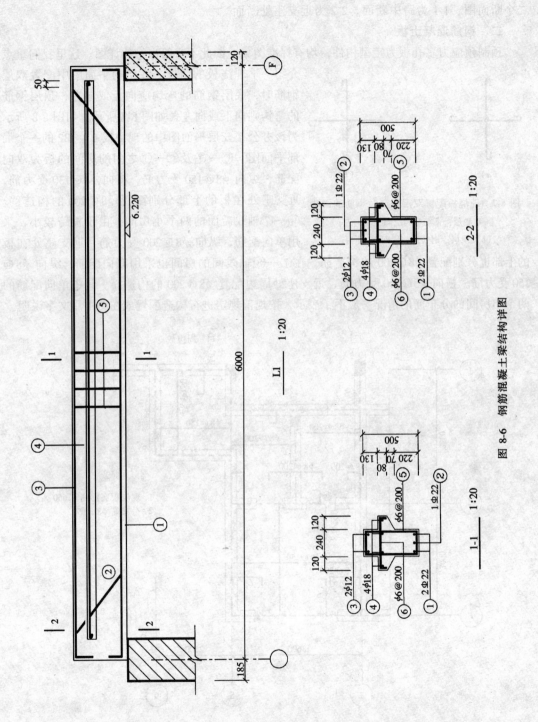

图 8-6 钢筋混凝土梁结构详图

在梁的进墙支座内布置二道箍筋。立面图中应注明梁底的结构标高。梁的断面形状、大小以及不同断面的配筋，则用断面图表示。断面图的数量视梁的复杂程度而定。该梁采用了二个断面图，1-1为跨中断面，2-2为近支座处断面。

二、钢筋混凝土板

预制预应力多孔板为定型构件，均有标准图集，因此不必绘出结构详图。这里我们重点介绍一下现浇板的情况。在结构平面图中配置双层钢筋时，底层钢筋的弯钩应向上或向左，顶层钢筋的弯钩则向下或向左，如图8-7所示。如图8-8所示为该办公楼三层平面图中的现浇板B1、B2的一个局部平面图。⑥—⑦及Ⓕ—Ⓙ之间的房间的板为双向配筋，纵向φ8@150受力筋，横向φ8@130受力筋，近支座处在板的上部分别配置φ8@200的构造筋。⑥—⑦轴线后面的两个小房间，由于板跨较小，采用单向配筋，纵向φ8@200受力筋，近支座处在板

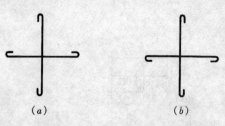

图 8-7 现浇板配置双层钢筋时钢筋的画法
(a) 底层：钢筋弯钩应向上、向左；
(b) 顶层：钢筋弯钩应向下、向右

的上部也分别配置φ8@200的构造筋。在⑦—⑧轴线间的房间也采用双向配筋，纵向φ8@150受力筋，横向φ8@150受力筋，近支座处周边配置φ8@200的构造筋。其中单向配筋的两个小房间的分布筋的情况一般不予表示，按规范规定进行构造配置或在图中用文字说明。

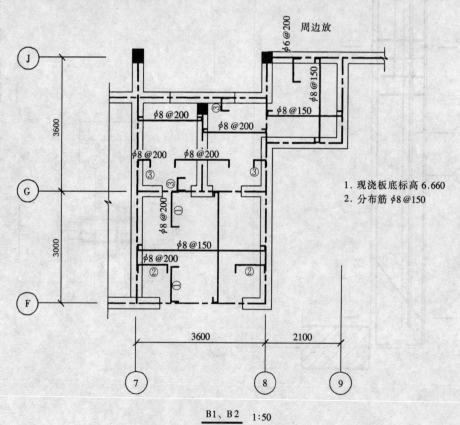

图 8-8 现浇板 B1、B2 的局部平面图

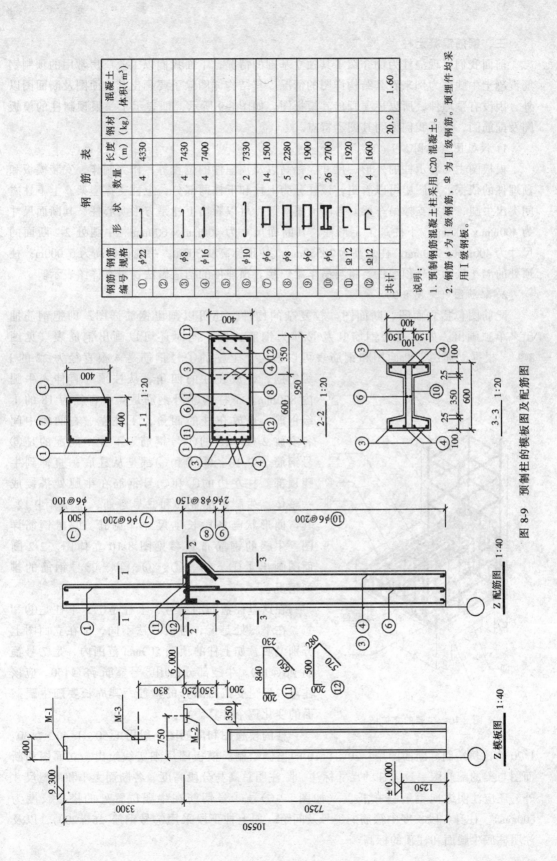

图 8-9 预制柱的模板图及配筋图

三、钢筋混凝土柱

前面我们以现浇柱为例介绍了其独立基础的情况，下面我们以工业厂房常用的预制钢筋混凝土牛腿柱为例来看其结构详图的情况。其结构详图除了要画出其立面图及断面图以外，因设有预埋件，所以还要画出其模板图。如图8-9所示，即表示了一根预制柱的模板图及配筋图，下面我们说明其图示特点。

1. 模板图（见图8-9）

模板图主要表示柱的外形、尺寸、标高以及预埋件的位置等，作为制作、安装模板和预埋件的依据。从图中可以看出，该柱分为上柱和下柱两部分，上柱支撑屋架，上下柱之间突出牛腿，用来支撑吊车梁。与断面图对照，可以看出上柱是方形实心柱，其断面尺寸为400mm×400mm，下柱是工字形柱，其断面尺寸为400mm×600mm。牛腿处2-2断面的尺寸为400mm×950mm，柱总高为10550mm。柱顶标高9.300m，牛腿面标高为6.000m；柱顶处的M-1表示1号预埋件，将与吊车梁焊接。预埋件的构造做法，另有详图表示。

2. 配筋图（见图8-9）

配筋图包括立面图、断面图。较复杂的构件，还可以画出钢筋详图，即把钢筋抽出来单独画出。如牛腿处钢筋⑪及⑫即为钢筋详图；同时还可以画出钢筋表（见图8-9）。根据立面图、断面图和钢筋表可以看出，上柱的①号钢筋是4根直径为22的I级钢筋，分放在柱的四角，从柱顶一直伸入牛腿内800mm。下柱的③号钢筋是4根直径为18的I级钢筋，也放在柱的四角，下柱左、右两侧中间各安放2根φ16的④号钢筋。下柱中间配的是⑥号钢筋2Φ10。③④和⑥都是从柱底一直伸到牛腿顶部。柱左边的①和③号钢筋在牛腿处搭接成一整体。牛腿处配置⑪和⑫号弯筋，都是4Φ12，其弯曲形状与各段长度尺寸详见⑪、⑫号钢筋详图。牛腿的钢筋布置参见图8-10立体图。2-2断面图画出了①、③、④、⑥、⑪、⑫号钢筋的排列情况。

在这里柱箍筋的编号，上柱是⑦，下柱是⑨和⑩，在牛腿处是⑧，各段放法不同，都在立面图上分别说明，如上柱的顶端500mm范围内，是⑦号箍筋φ6@100。牛腿部分选用⑧号箍筋φ8@150。应该注意，牛腿变截面部分的箍筋，其周长要随牛腿截面的变化逐个计算。

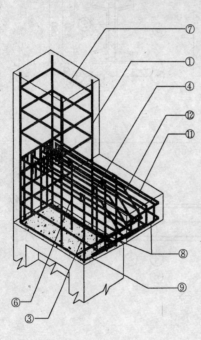

图8-10 牛腿的立体图

柱的模板图和配筋图一般用1:50、1:40、1:30、1:20的比例绘制。断面图用1:20、1:10的比例绘制。模板图用细实线绘出。立面图和断面图与梁的配筋图一致。柱的尺寸标注，除注明总高与分段高度、各断面大小和牛腿尺寸外，还应注明纵向钢筋搭接长度（如图8-9①号③号钢筋在牛腿位置处的搭接长度为800mm），柱身各段长度中箍筋的编号及间距（如上柱下段采用⑦号钢筋φ6@200），以及注明柱底牛腿面和柱顶的标高。

第五节 楼梯结构详图

某办公楼的楼梯是钢筋混凝土双跑板式楼梯。所谓双跑楼梯是指从下一层楼地面到上一层楼地面需要经过两个梯段，两梯段之间设一楼梯平台；所谓板式楼梯是指梯段的结构形式，每一梯段是一块梯段板（梯段板中不设斜梁），梯段板直接支撑在基础或楼梯梁上。

楼梯的结构详图由各层楼梯结构平面图和楼梯剖面图组成。

一、楼梯结构平面图

楼梯结构平面图中虽然也包括了楼梯间的平面位置，但因比例小（1:100），不易把楼梯构件的平面布置和详细尺寸表达清楚，而底层往往又不画底层结构平面图，因此楼梯间的结构平面图通常需要用较大的比例（如 1:50）另行绘制，如图 8-11 所示。楼梯结构平面图的图示要求与楼层结构平面图基本相同，它是用水平剖面的形式来表示的，但水平剖切位置有所不同。为了表示楼梯梁、梯段板和平台板的平面布置，通常把剖切位置放在层间楼梯平台的上方；底层楼梯平面图的剖切位置在一、二层间楼梯平台的上方；二、（三）层楼梯平面图的剖切位置在 二、三（三、四）层间楼梯平台的上方；本例四层（即顶层）楼面以上无楼梯，四层楼梯平面图的剖切位置应设在四层楼面上方的适当位置。

若把图 8-11 的楼梯结构平面图与上一章中的建筑平面图的楼梯间部分相对照，就可以看出水平剖切位置的不同，所得到的楼梯平面图中梯段表示也有差异。

楼梯结构平面图应分层画出。当中间几层的结构布置和构件类型完全相同时，则只要画一个标准层楼梯结构平面图。如图 8-11 所示的中间一个平面图，即为二、三层楼梯的通用结构平面图。

楼梯结构平面图中各承重构件，如楼梯梁（TL）、梯段板（TB）、平台板（YKB）、窗过梁（YGL）等的表达方式和尺寸注法与楼层结构平面图相同，这里不再细述。在平面图中，梯段板的折断线理应与踏步线方向一致，为避免混淆，按制图标准规定画成倾斜方向。在楼梯结构平面图中除了要注出平面尺寸外，通常还注出各种梁底的结构标高。

二、楼梯结构剖面图

楼梯结构剖面图是表示楼梯间的各种构件的竖向布置和构造情况的图样。由楼梯结构平面图中底层楼梯结构平面图所画出的 1-1 剖切线的剖视方向而得到的楼梯 1-1 剖面图，如图 8-12 所示。它表明了剖切到的梯段（TB1、TB2）的配筋、楼梯基础、楼梯梁（TL1、TL2）、平台板（YKB）、部分楼板、室内地面等，还表示出未剖切到的梯段外形和位置。与楼梯平面图相类似，楼梯剖面图中的标准层可利用折断线断开，并用标注不同的标高的形式来简化。

在楼梯结构剖面图中，应标注出轴线尺寸、梯段的外形尺寸和配筋、层高尺寸以及室内、外地面和各种梁、板底面的结构标高。

在图 8-12 的右侧，还画出 A-A、B-B 两个梯段板的断面，表示底板配筋和板厚 110mm。并画出了 TL1、TL2 的详图，表示出其断面形状、尺寸和配筋。

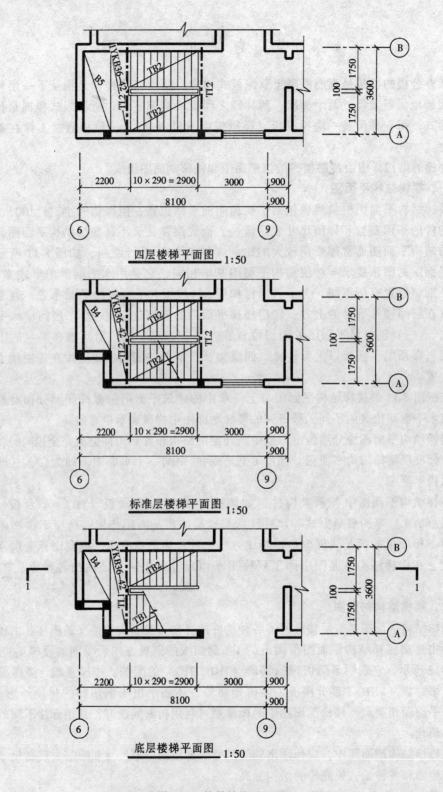

图 8-11 楼梯结构平面图

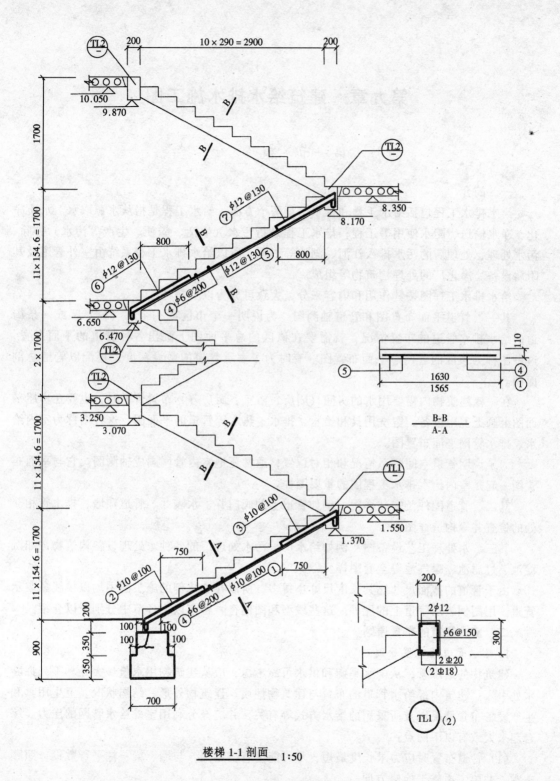

楼梯 1-1 剖面　1:50

图 8-12　楼梯结构剖面图

第九章 建筑给水排水施工图

第一节 概 述

一、简介

给水排水工程包括给水工程和排水工程两个方面。给水工程是指从水源取水、水质净化、净水输送、配水使用等工程；排水工程是指污水（生活、粪便、生产等污水）排除、污水处理、处理后的污水排入江河、湖泊等工程。所以给水排水工程系统由室外管道及其附属设备、净化厂的处理构筑物等组成。

给水排水工程图按其作用和内容来分，大致可分为以下几种：

其一、管道平面布置图和管道轴测图 为说明一个市区或一个厂（校）区或一条街道的给水排水管道的布置情况，就需要在该区的总平面图上画出各种管道的平面布置，这种图称为该区的管网总平面布置图。有时为了表示管道的敷设深度，还配以管道总剖面图。

在一幢建筑物内需要用水的房间（厕所、浴室、厨房等）布置管道时，也要在房屋平面图上画上卫生设备、盥洗用具和给水、排水、热水等管道的平面图，这种图称为室内给水、排水管网平面布置图。

为了说明管道空间联系情况和相对位置，通常还把室内管网画成轴测图。它与平面布置图一起是室内给水排水工程图的重要图样。

其二、管道配件及安装详图 例如管道上的阀门井、水表井、管道穿墙、排水管相交处的检查井等构造详图。

其三、水处理工艺设备图 例如给水厂、污水处理厂的各种水处理设备构筑物，如沉淀池、过滤池、曝气池等全套图样。

由于管道的截面尺寸比其长度尺寸小得多，所以在小比例的施工图中均以单线条表示管道，用图例表示管道上的配件。这些线型和图例符号将在以下各节中分别予以介绍。

二、室内管道的布置原则

1. 给水管道的布置原则

建筑物的给水管，从配水平衡和供水可靠考虑，应从建筑物用水量最大处和不允许断水处引入。建筑内部给水管道的布置与建筑物性质、建筑物外形、结构状况、卫生用具和生产设备布置情况以及所采用的给水方式等有关，并应充分利用室外给水管网的压力。综合起来大致有以下两点：

（1）管道布置时应力求长度最短，尽可能呈直线走向，与墙、梁、柱平行敷设，照顾美观，并要考虑施工检修方便。

（2）给水干管应尽量靠近用水量最大处或不允许间断供水的用水处，以保证供水可靠，并减少管道转输流量，使大口径管道长度最短。

2.排水管道的布置原则

排水管道的布置应满足水利条件最佳、便于维护管理、保护管道不易受损坏、保证生产和使用安全以及经济和美观的要求。综合起来有以下两点：

(1) 污水立管应设置在靠近杂质最多、最脏及排水量最大的排水点处，以便尽快的接纳横支管来的污水而减少管道堵塞机会；同理，污水管的布置应尽量减少不必要的转角及曲折，尽量作直线连接。

(2) 排水管应选最短途径与室外管道连接，连接处应设检查井。

本章将以前几章所述的某学校办公楼为例讨论建筑给排水工程图的图示方法及内容。

第二节 室内管道平面图

管道平面图是建筑给排水施工图中最基本的图样，它主要反映卫生器具、管道及附件相对于房屋的平面布置。

一、管道平面图的图示特点

1.比例

管道平面图的比例，可采用与房屋建筑平面图相同的比例，一般为1:100，有时也可采用1:50，1:150或1:200，如在卫生设备或管道布置较复杂的房间，画1:100不能表示清楚时，可选择1:50来画。

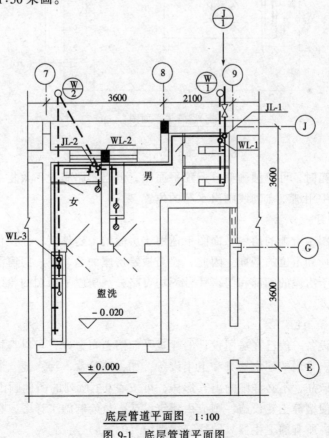

底层管道平面图 1:100

图9-1 底层管道平面图

2．管道平面图的数量和表达范围

多层房屋的管道平面图原则上应分层绘制。若楼层平面的管道布置相同时，可绘制一个管道平面图，在图中必须注明各楼层的层数和标高。由于底层管道平面图中的室内管道须与户外管道相连，所以必须单独绘制（如图9-1）。而各楼层管道平面图，只需把有卫生设备和管路布置的盥洗房间范围的平面图画出即可，不必画出整个楼层的平面图（如图9-2、图9-3）。

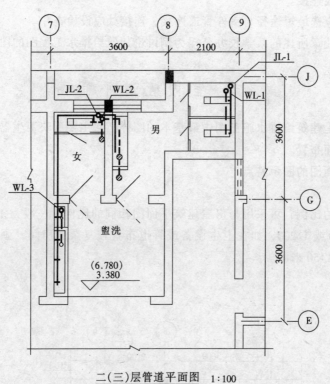

图 9-2 二（三）层管道平面图

设有屋顶水箱时，可单独画部分屋顶平面图，但当管路布置不太复杂时，也可在最高楼层平面布置图中用细双点划线画出水箱的位置。

3．房屋平面图

在管道平面图中所画的房屋平面图不适用于房屋的土建施工，而仅作为管道系统各组成部分的水平布局和定位的基准。因此，仅需抄绘房屋的墙、柱、门窗洞、楼梯、台阶等主要构配件，至于房屋的细部和门窗代号等均可略去。房屋平面图的轮廓图线都采用细线（0.35b）绘制。

4．卫生器具平面图

室内的卫生设备一般已在房屋设计的建筑平面图上布置好，可以直接抄绘于卫生设备的平面布置图上。常用的配水器具和卫生设备，如：洗脸盆、污水池、淋浴器等均有一定规格的工业定型产品，不必详细画出其形体，可按表9-1所列的图例画出；对于非标准设计的盥洗槽、大便槽等土建设施，则应由建筑设计人员绘制施工详图，在管道平面图中仅需画其主要轮廓。所有的卫生器具图线都用细线（0.35b）绘制。

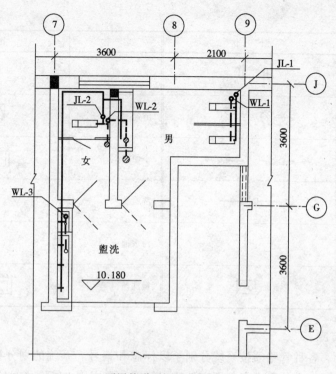

图 9-3 顶层管道平面图

给 水 排 水 图 例　　　　　　　　表 9-1

名　称	图　例	名　称	图　例
给水管		清扫口	平面　系统
排水管		矩形化粪池	HC
检查井		雨水口	单口
立管	XL　XL		双口
水龙头	平面　系统	室外消火栓	
淋浴器		室内消火栓	平面　系统
自动冲洗水箱		水表井	
检查口		通气帽	

续表

名　称	图　例	名　称	图　例
存水弯		坐式大便器	
圆形地漏		浴盆	
截止阀		小便槽	
闸阀		洗脸盆	
延时自闭冲洗阀		污水池	
蹲式大便器		盥洗槽	

5. 管道平面图

为便于读图，各种管路须按系统分别予以标志和编号。系统的划分视具体情况而异，一般给水管可以每一室外引入管（即室外给水管网和室内给水管网之间的联络管段，也称进户管）为一系统，污、废水管道以每一承接排水管的检查井为一系统。

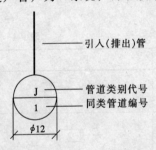

图 9-4　管道系统的索引符号

系统索引符号的形式如图 9-4 所示，用细实线圆（$0.35b$）表示，圆圈直径为 12mm；圆圈上部的文字代表管道系统的类别，以汉语拼音的第一个字母表示，如"J"代表给水系统，"W"代表污水系统，圆圈下部是阿拉伯数字，表示系统编号。

卫生设备管道系统的管道一般较细，所以用各种线型表示不同性质系统的管道。如表 9-1 所列：给水管用粗实线（b）表示，排水管用粗虚线（b）表示。管道的立管用细实线小圆圈表示，并用指引线标上立管代号 XL，X 表示管道类别代号（如 J，W）；建筑物内穿越楼层的立管，其数量超过 1 根时宜进行编号，如 WL-1 表示 1 号污水立管。

安装在下层空间或埋设在地面下而为本层使用的管道，可绘于本层平面图上。当在同一平面布置有几根上下不同高度的管道时，若严格按投影来画平面图，会重叠在一起，此时可以画成平行排列。

6. 尺寸和标高

房屋的水平方向尺寸，一般在底层管道平面图中只需注出其轴线间尺寸，标高只需标注室外地面的整平标高和各层地面标高。

卫生器具和管道一般都是沿墙靠柱设置的，故不必标注定位尺寸。必要时，以墙面或柱面为基准标出。卫生器具的规格可用文字标注在引出线上，或在施工说明中写明。

管道的长度在备料时只按比例从图中近似量出，在安装时则以实测尺寸为依据，所以图中均不标注管道长度。至于管道的管径、坡度和标高，因管道平面图不能充分反映管道在空间的具体位置、管路连接情况，故均在管道系统图中予以标注。

二、管道平面图的画图步骤

绘制给水排水施工图一般都先画管道平面图。管道平面图的画图步骤一般为：

1. 抄绘房屋平面图

房屋的细部构造不必抄绘，次要轮廓均可省略。可用 1:50 或 1:25 画出用水房间的平面图。在各层的平面布置图上，均须标明墙、柱轴线，并在底层墙、柱轴线间标注尺寸。此外，在底层平面布置图上应画出指北针和室外地坪标高，室内底层地面一般作为相对标高的起点（±0.000），厕所则略低于室内地坪。同样各楼层也须标注相应的标高。

2. 画出卫生设备的平面布置

由于大便器、小便斗为定型产品，小便槽、盥洗台、洗脸盆均另有详图，因此，平面图用细线按比例用图例画出卫生设备的位置。

3. 画出管道的平面布置

管道是室内管网平面布置图的主要内容，画管道布置时，先画立管，再画引入管和排水管，最后按水流方向画出横支管和附件。给水管一般画至各设备的放水龙头或冲洗水箱的支管接口；排水管一般画至各设备的废、污水的排泄口。

三、管道平面图的读图方法

下面以前面所讲的某学校办公楼为例来识读管道平面图。如图 9-1、9-2 和图 9-3 所示。

1. 配水器具和卫生设备

从房屋建筑图中可以看出，该建筑为南、北朝向的四层建筑，用水设备集中在每层的盥洗室和男女厕所内。在盥洗室内有三个放水龙头的盥洗槽和一个污水池，在女厕所内有一个蹲式大便器，在男厕所内有两个蹲式大便器和一个小便槽。

2. 管道系统的布置

根据底层管道平面图的系统索引符号可知：给水管道系统 $\frac{J}{1}$ 的引入管穿墙后进入室内，在男女厕所内各有一根立管，并对立管进行编号，如 JL-1。从管道平面图中可以看出立管的位置，并能看出每根立管上承接的配水器具和卫生设备。

污水管道系统 $\frac{W}{1}$ 承接男厕所内蹲便器的污水；$\frac{W}{2}$ 承接男厕所内小便槽和地漏的污水，女厕所内蹲便器和地漏的污水以及盥洗室内盥洗槽和污水池的污水。

3. 各楼层、地面的标高

从各楼层、地面的标高，可以看出各层高度。厕所、厨房的地面一般较室内主要地面的标高低一些，这主要是为了防止污水外溢。

第三节 管道系统图

管道平面图主要显示室内给水排水设备的水平安排和布置，每个视图只能显示两个方向，而连接各管路的管道系统因其在空间转折较多，上下交叉重叠，往往在平面图中无法完整且清楚的表达，因此，需要有一个能同时反映管道空间三个方向的图来表达，这种图被称为管道系统图。管道系统图能反映各管道系统的管道空间走向和各种附件在管道上的位置（如图9-5和图9-6所示）。

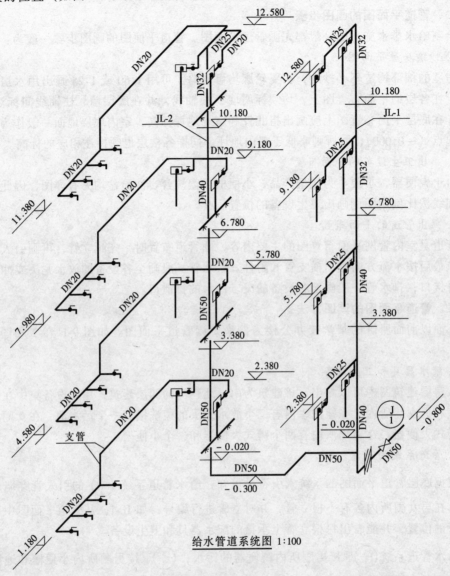

图 9-5 给水管道系统图

一、管道系统图的图示特点

1. 比例

管道系统图一般采用与房屋的卫生设备平面布置图相同的比例，即1:50或1:100。但如果配水设备较为密集、复杂时，可将管道轴测图的比例放大绘制，反之，如果管道系统图内容较为简单，为使图幅较为紧凑，则可将比例缩小一些，总之，视具体情况来选用恰当的比例，以便既能显示清楚而又不过于重叠交叉或内容空洞。如图9-5和图9-6所示的某学校办公楼给水排水管道系统图都采用1:100。

2. 轴向和变形系数

管路系统在工程中多数是沿墙面和墙角布置的，主要是显示管路的轴向长度，而不考

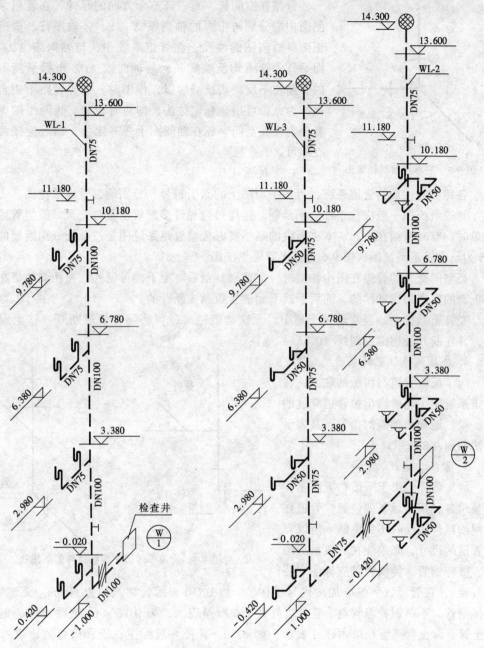

图 9-6 排水管道系统图

虑管路各向形体的立体真实感和失真度。所以管路系统的轴测图一般常用"三等正面斜轴测图"来绘制，即 OX 轴处于水平位置，OZ 轴垂直，OY 轴一般与水平线成 45°的夹角（如按此轴向绘制的管路重叠交叉较多时，也可改用与水平线成 30°或 60°的方向）。

轴间角 $\angle XOY = 135°$，$\angle YOZ = 135°$，$\angle XOZ = 90°$。三轴的变形系数 $Px = Py = Pz = 1$。如图 9-7 所示。

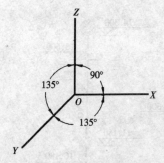

图 9-7 三等正面斜轴测图

管路在空间长、宽、高三个方向的延伸，在管道系统轴测图中应分别与相应的轴测图 X、Y、Z 轴平行。根据三等正面斜轴测图的性质，在管道系统中，与轴向或 XOZ 坐标面平行的管道均反映实长，与轴向或 XOZ 坐标平面不平行的管路均不反映实长。所以，作图时，这类管路不能直接画出。为此，可用坐标定位法，即将管段起、止两个端点的位置分别按其空间坐标在轴测图上一一定位，然后连接两个端点即可。

3. 管道系统

各种不同性质的管道系统，可按平面图上的索引符号，分别绘制管道系统图。

管道系统图一般应按系统分别绘制，这样可避免过多的管道重叠交叉，但当管道系统简单时，有时可画在一起。本书所讲的某学校办公楼管道系统图是按系统分别绘制的，图 9-5 为给水管道系统图，图 9-6 为排水管道系统图。

当空间交叉的管道在图中相交时，应鉴别其前后、上下的可见性。在相交处将在前面或上面的管道画成延续的，而后面或下面的管道画成断开的。

在管道系统中，当管道过于集中，无法画清楚时，可将某些管段断开，移至别处画出，并在断开处用细点划线（0.35b）连接。

4. 房屋构件位置的表示

为了反映管道与房屋的联系，在管道系统图中还要画出被管道穿过的墙、梁、地面和楼面的位置，其表示方法如图 9-8 所示。

5. 管径、坡度、标高

（1）管径 由于平面布置图主要是显示各种用水设备的位置，管道在空间的延伸是反映不完整的，所以有关管道的尺寸，必须注在管道系统图上。镀锌钢管、铸铁管等应标注"公

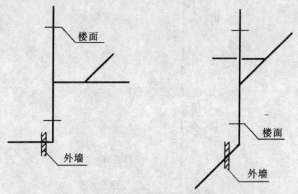

图 9-8 管道系统图中房屋构件的画法

称直径"，在管径数字前应加注代号"DN"，如 DN50 表示公称直径为 50mm。无缝钢管、焊接钢管、不锈钢管等管材，管径以外径 D×壁厚表示，如 D108×4。混凝土管、钢筋混凝土管、陶土管等管径以内径 d 表示，如 d230。管径一般标注在该管段旁边，也可用指引线引出标注。

在给水管道系统图中，每段管道均须逐段标注管径。但在连续管段中，如不影响图示的清晰性，可在管径变化的始端和终端旁标出，中间管段可省略标注。在三通或四通管路中，不论管径是否变化，各个分支管段均须注出管径。

排水横管上各管段的管径如无变化，可在始、末管段上标注出管径。不同管径的横管、立管、排水管等均须逐段分别标出。

（2）坡度 给水系统的管路因是压力流，所以不必标出坡度。排水系统的管路一般都是重力流，所以在排水横管的旁边要标注坡度，坡度可注在管段旁边或引出线上，在坡度

数字前须加以代号"i",数字下边画箭头以示坡向(指向下游),如($i = 0.05$)。如排水横管采用标准坡度时,在图中可省略不注,而在施工说明中写明即可。

(3) 标高 标高应以米为单位,宜注写到小数点后第三位。压力管道应标注管中心标高;沟渠和重力流管道宜标注沟(管)内底标高。为便于施工和就地测量,室内给水排水工程图中一般均用相对标高,以室内底层地面作为 ±0.000m。轴测图中,管道标高应按图9-9的方式标注。

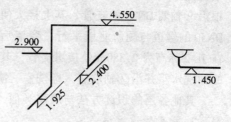

图 9-9 轴测图中管道标高标注法

给水管系的标高应标注:管系引入管、各水平管段、阀门及放水龙头、卫生器具的连接支管、各层楼地面及屋面、与水箱连接的各管路、水箱的顶和底。

排水管系的标高应标注:立管上的通气网罩、检查口、排水管的起点标高(终点标高不必标注,因可根据坡降由施工敷设时确定)。其他排水横管的标高一般由卫生器具的安装高度和管件的尺寸所决定,所以不必标注。此外,还要标注各层楼地面及屋面、窨井底面等标高。

6. 图例

管道平面图和管道系统图应统一列出图例,其大小要与图中的图例大小相同。如表9-1所示。

二、管道系统图的画图步骤

1. 为了使图面整齐便于识图起见,在布置图幅时,如有可能应将各管路系统中的立管穿越相应楼层的楼地面线尽量画在同一水平线上。

2. 先画各系统的立管,定出各层的楼地面线、屋面线,再画给水引入管及屋面水箱的管路或排水管系中接画排出横管、窨井及立管上的检查口和网罩等。

3. 从立管上引出各横向的连接管段,并在横向管段上画出给水管系的截止阀、放水龙头、连接支管、冲洗水箱等;在排水管系中画承接支管、存水弯等。

4. 标注各管段的公称直径、坡度、标高、冲洗水箱的容积等数据。

三、管道系统图的读图方法

管道平面图和管道系统图是建筑给水排水工程图中的基本图样,两者必须互为对照和相互补充,从而将室内的卫生器具和管道系统组合成完整的工程体系,充分明确各种设备的具体位置和管路在空间的布置,最终搞清图样所表达的内容。

前面我们已经以某学校办公楼为例,讲述了管道平面图的读图方法,下面仍以该办公楼为例,讲述管道系统图的读图方法。

1. 给水管道系统

一般从室外引入管开始识读,按照其水流流程方向,依次为引入管、水平干管、立管、支管、卫生器具;如有水箱,则要找出水箱的进水管,再从水箱的进水管、水平干管、立管、支管、卫生器具依次识读。

下面就以给水管道系统 ⊥/1 为例,识读如下:

首先与底层管道平面图配合识读,找出 ⊥/1 管道系统的引入管。由图可知:室外引入管为DN50，其上装一阀门，管中心标高为-0.800m；DN50的进水管进入男厕所后，在墙内侧穿出底层地面（-0.020m）成为立管JL-1（DN40）。在JL-1标高为2.380m处接一根沿⑨轴墙DN25的支管，其上接大便器冲洗水箱两个。在JL-1标高为-0.300m处接一根DN50的管道与厕所北墙平行，穿墙后在女厕所墙角处穿出底层地面成为JL-2（DN50）。在JL-2标高为2.380m处接出支管，其中一支上接小便槽的冲洗水箱，另一支上接大便器的冲洗水箱并沿⑦轴墙进入盥洗室，降至标高为1.180m，上接四个水龙头。

其他各层的识读方法与底层类似，这里就不再赘述。

2. 排水管道系统

先在底层管道平面图中找出相应的系统和立管的位置，再找出各楼层管道平面图中的立管位置，以此作为联系，依次按卫生器具、连接管、横支管、立管、排出管、检查井的位置进行识读。从所给平面图中可以看出，本系统有三根排出管，起点标高均为-1.000m。下面以 $\frac{W}{2}$ 为例进行识读：

配合管道平面图可知：本系统有两根排出管，管径分别为DN100和DN75，分别承接WL-2和WL-3的污水。WL-2在女厕所内，承接大便器、小便槽和两个地漏的污水；WL-3在盥洗室内，承接盥洗槽和污水池的污水。立管一直穿出屋面，顶端（14.300m）处装有一通气帽，在11.180m和0.980m处各装一检查口。

第四节 室外管道平面图

室外管道平面图是指在某个厂区、校区、街坊中的院子、住宅新村等范围内的各种室外给水排水管道的布置，反映了每幢建筑物室内、外管道的连接情况。但它不属于城市街道管道图，而是作为室内给水排水管道图纸内容之一。

如图9-10室外管道平面图即为前述某校区给排水管道的室内、外管道的连接及布置情况。

一、室外管道平面图的图示特点

1. 比例

室外管道平面图主要以能显示清楚该小区范围内的室外管道即可，比例不宜小于1:500，一般采用与建筑总平面图相同的比例。

2. 管道及附属设备

给水管道用粗实线（b）表示，污水管道用粗虚线（b）画出。水表、消火栓、检查井、化粪池等附属设备则可按给水排水工程的专业图例，用细线（$0.35b$）画出。

3. 管径、标高

给水铸铁管以公称直径"DN"表示；排水混凝土管则以内径"d"表示。均可直接标注在相应管道的旁边。由于小区内室外管道的范围和规模不大，故不必画出管道纵剖面图。

室外工程宜标注绝对标高。当无绝对标高资料时，可标注相对标高，但应与总图专业一致。管道应标注起止点、连接点、变坡点等处的标高，给水管道宜标注管中心标高，排水管道宜标注管内底标高。

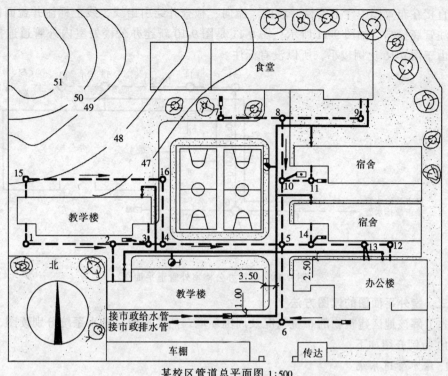

图 9-10 给水排水管道总平面图

4. 构筑物的编号

在总平面图中，当给排水附属构筑物的数量超过 1 个时，宜进行编号。编号方法为：构筑物代号—编号；给水构筑物的编号顺序宜为：从水源到干管，再从干管到支管，最后到用户；排水构筑物的编号顺序宜为：从上游到下游，先干管后支管。

5. 指北针（或风玫瑰图）

图面的右上角应绘制风玫瑰图，如无污染源时可绘制指北针。画指北针时以细实线 (0.35b) 画直径为 24mm 的圆圈，内画三角形指北针（指针底部宽约 3mm）。

6. 图例及说明

应在室外管道平面图中，列出给水排水专业的图例，以便于对照阅读。

二、室外管道平面图

为了说明新建房屋室内给水排水管道与室外管网的连接情况，通常还要画出室外管网的平面布置图。如图 9-10 所示。建筑总平面图是室外管网总平面图的设计依据，但由于作用不同，总图中原有的建筑物和构筑物的可见轮廓线用细实线 (0.35b) 画出，新建的建筑物和构筑物的可见轮廓线用中实线 (0.50b) 画出。

在给水管道的房屋引入管处应画出阀门井。还应画出消火栓和水表井。

由于排水管道经常要疏通，所以在排水管的起端、两管相交点和转折点均要设置检查井，检查井用 2～3mm 的小圆圈表示。两检查井之间的管道应是直线。本例把雨水管、污水管合一排出，称为合流制的布置方式。

为了说明管道、检查井的埋设深度，管道坡度，管径大小等情况，对较简单的管网布置可直接在布置图中注上管径、坡度、流向；检查井绘引出线，线上标注井盖面标高，线下标注管底标高。如图 9-11 所示，图 9-11 是图 9-10 新建办公楼处室内外管道连接的放大图，由于图 9-10 比例较小，所以没有标注。

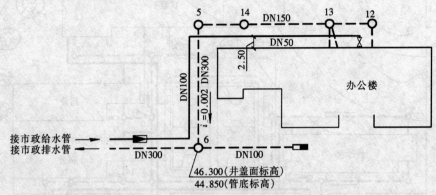

图 9-11 新建办公楼室外管道平面图

三、室外平面图的读图方法

先了解该地区建筑物的布置情况及周围环境，然后按给、排水系统分别读图，下面以图 9-10 为例介绍如下：

1. 给水管道系统

该办公楼的给水管道从南面的原有引入管引入，管中心距教学楼南墙 1.50m，其上先接一水表井，井内装有总水表及总控制阀门，该管在距教学楼东墙 3.50m 处转弯，管径仍为 DN100，延伸至该办公楼北墙 2.50m 处转弯，管径为 DN50，其上接一根支管 DN50 至该办公楼。

2. 污水管道系统

该办公楼的污水管道分别接入污水检查井 W-12 和 W-13，两检查井用 DN150 的管道连接，经管道 DN150 向西，后变径 DN300 向南向西与市政管网相接。从图中可以看出，排水管从上游向下游越来越低，以利于污水的排出。

第十章 采暖通风施工图

本章对采暖、通风工程图作一般性介绍,以使读者了解这种专业的设备、管道布置情况和要求,以及施工图的表示方法和特点,并与有关的土建图纸相互对照,掌握建筑、结构与暖通在施工图中的相互关系。

第一节 概 述

一、简介

采暖与通风工程是为了改善人们的生活、工作和生产条件而设置的。

采暖供热工程由热源、室外热力管网和室内采暖系统所组成。热源一般指生产热能的部分,即锅炉房、热电站等;室外热力管网指输送热能(热能是以蒸汽和热水的形式作为介质来输送的)到各个用户的部分;室内采暖系统则是指以对流或辐射的方式将热量传递到室内空气中去的采暖管道和散热器等组成部分。采暖系统按热媒的不同,可分为热水采暖系统、蒸汽采暖系统以及电热采暖和火炉采暖等,其中前两种应用颇为广泛。

通风工程是指通过一系列的设备和装置(空气处理器、风机、空气输送管道、空气分布器等),将室内污浊的有害气体排至室外,并将新鲜的或经处理的空气送入室内,造成一个人们所需要的舒适居住条件和工作环境,保证人们的健康。

二、图纸的组成

采暖施工图分为室内和室外两部分。室内部分表示一栋建筑物的供暖工程,包括管道平面布置图、剖面图、系统轴测图和详图以及文字说明;室外部分表示一个区域的供暖管网,包括总平面图、剖面图和详图。本章只介绍室内部分。

通风施工图包括通风系统平面图、剖面图、系统轴测图、详图及文字说明,此外图纸中还应有设备表、材料表等。

绘制采暖通风施工图应遵守《暖通空调制图标准》GB/T50114—2001,还应遵守《房屋建筑制图统一标准》GB/T50001—2001 中的各项基本规定,但也有不少设计单位仍旧按照习惯画法绘制图样,在读图时应予以注意。

第二节 室内采暖工程施工图

一、热水采暖系统

以热水为热媒,把热量带给散热设备的采暖系统,称为热水采暖系统。热水采暖系统按热水参数的不同分为低温热水采暖系统(供水温度一般为95℃,回水一般为70℃)和高温热水采暖系统(供水温度高于100℃,一般供水温度为110~150℃,回水为70℃)。

热水采暖系统根据热水在系统中循环流动的动力不同，可以分为自然循环热水采暖系统和机械循环热水采暖系统。自然循环热水采暖系统，主要依靠冷热水的重度不同，造成自然循环流动，这种系统由锅炉、供水管、散热器和回水管所组成，图10-1为自然循环热水采暖系统工作原理图。机械循环热水采暖系统，主要依靠系统中的水泵作动力，促进系统的循环流动，这种系统由热源、管道、散热器和水泵所组成，如图10-2为机械循环热水采暖系统工作原理图。

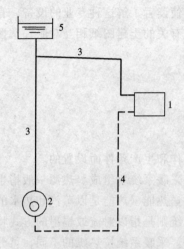

图 10-1 自然循环热水采暖系统工作原理图
1—散热器；2—热水锅炉；3—供水管；
4—回水管；5—膨胀水箱

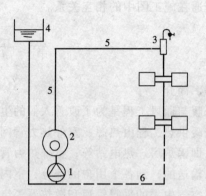

图 10-2 机械循环热水采暖系统工作原理图
1—循环水泵；2—热水锅炉；3—集气罐；
4—膨胀水箱；5—供水管；6—回水管

按照供水干管敷设的位置不同，可以分为上分式、中分式和下分式系统；按照立管的布置特点可以分为单管式和双管式系统；按照管道敷设方式的不同，可以分为垂直式和水平式系统。下面对常见的系统图分别作些简单的介绍。

1．垂直式系统

（1）双管上分式

图10-3为双管上供下回式热水采暖系统，供水干管敷设在整个系统之上，通常敷设在顶层的顶棚里或顶棚下面。每组立管有两根，一根为供水，另一根为回水，一般设在散热器的一侧或两组散热器中间。回水干管设在最低层散热器的下部，一般设在底层的地板上、地沟内或地下室的楼板下。系统最高点设膨胀水箱，用来容纳水受热膨胀而增加的体积和补充系统内水量的不足。膨胀水箱下部接出的膨胀管连接在循环水泵入口前的回水干管上，该处水温最低，可避免水泵出现气蚀现

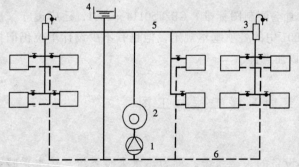

图 10-3 双管上供下回式热水采暖系统
1—循环水泵；2—热水锅炉；3—集气罐；4—膨胀水箱；
5—供水管；6—回水管

象，还能恒定水泵入口压力，保证供暖系统压力稳定。供水干管末端设置集气罐，为了使空气能顺利地和水流同方向流动，集中到集气罐处排气，供水干管应沿水流设上升坡度，坡度值不小于0.002，一般为0.003。

(2) 双管下分式

图 10-4 为双管下供下回式热水采暖系统，供水干管和回水干管均设在所有散热器之下。当建筑物设有地下室或平屋顶，建筑顶棚下不允许布置供水干管时可采用这种型式。此系统中的空气排除较困难，可以在顶层散热器上设置自动排气阀排气。

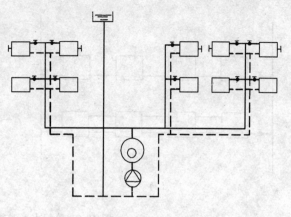

图 10-4 双管下供下回式热水采暖系统

(3) 单管式

图 10-5a 为单管顺序式热水采暖系统，供水干管设在系统上部，供水是自高层至底层，顺序全部流过，最后汇集于回水干管。此系统的缺点是不能进行局部调节。图 10-5b 为单管跨越式热水采暖系统，它克服了顺序式的缺点。

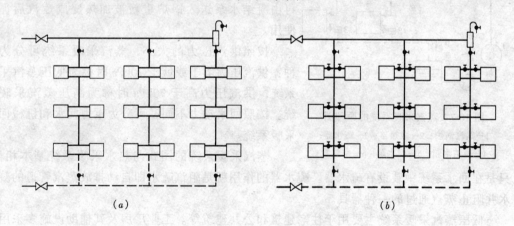

图 10-5 单管垂直式热水采暖系统
(a) 顺序式；(b) 跨越式

2. 水平式系统

图 10-6a 为水平单管顺序式热水采暖系统，各层水平支管将同一楼层的各组散热器串联在一起，热水水平地顺序流过各组散热器。这种系统同样也有不能进行局部调节的缺点。图 10-6b 为水平单管跨越式系统，该系统在散热器的支管间连接一跨越管，热水一部分流入散热器，一部分经跨越管直接流入下组散热器，它克服了不能进行局部调节的缺点。单管水平式系统的排气方式，可以采用每个散热器上安装放气阀的局部排气法，也可以采用将散热器上部用一根专设的空气管连接起来，由一个散热器上的放气阀排气。图 10-6 中的上层为每个散热器各自局部排气，下层为空气管集中排气。

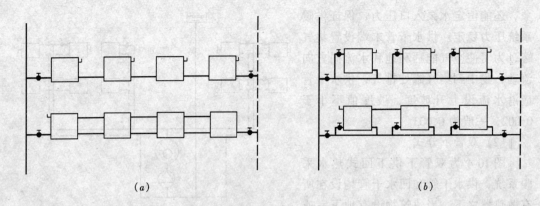

图 10-6 单管水平式热水采暖系统
(a) 顺序式；(b) 跨越式

二、蒸汽采暖系统简介

以蒸汽作为热媒的供暖系统称为蒸汽采暖系统。图 10-7 为蒸汽采暖系统的原理图。水在锅炉中被加热成具有一定压力和温度的蒸汽，蒸汽靠自身压力作用通过管道流入散热器内，在散热器内放热后，蒸汽变成凝结水，凝结水靠重力经过疏水器后沿凝水管返回凝结水箱内，再由凝结水泵送入锅炉重新被加热变成蒸汽后循环使用。

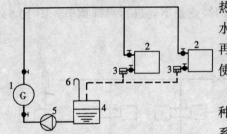

图 10-7 蒸汽采暖系统的原理图
1—蒸汽锅炉；2—散热器；3—疏水器；
4—凝结水箱；5—凝水泵；6—空气管

按照供汽压力的大小，蒸汽采暖系统可分为两种：供汽压力等于或低于 70kPa 时称为低压蒸汽采暖系统；供汽压力高于 70kPa 时称为高压蒸汽采暖系统。按照回水动力不同，可分为重力回水和机械回水采暖系统。

蒸汽采暖系统的图式与热水采暖系统基本相似，只是在回水系统中装设有疏水器。疏水器的作用就是阻汽疏水即自动排放蒸汽管道的凝结水并阻止蒸汽通过的一种器具。

低压蒸汽采暖系统主要用于住宅建筑和公共建筑等。工业厂房及其辅助设施多采用高压蒸汽采暖系统。

三、室内采暖施工图的表示方法

1. 图例

由于采暖施工图一般采用较小的比例，所以管道、散热器、阀门及附属设备用规定的图例表示。常用的采暖图例见表 10-1。

采暖制图常用图例　　表 10-1

名称	图例	说明	名称	图例	说明
采暖热水管	——————		方形补偿器	⊓	
采暖回水管	--------		截止阀	─●▶◀─	

续表

名称	图例	说明	名称	图例	说明
水泵	⊘	左侧为进水，右侧为出水	闸阀	▷◁	
止回阀		箭头表示允许流通方向	压力表	⊙	
自动排气阀			减压阀		右侧为高压端
固定支架			散热器及手动放气阀		左为平面图画法，右为剖面图画法
疏水器		在不致引起误解时，也可用 ◐ 表示	集气罐		左图为平面图

2. 管道常见画法

在管道图中，管道的转向、分支与交叉画法如图 10-8 所示。图 10-8a，b 为管道转向的画法；图 10-8c 为管道分支的画法；图 10-8d 为管道交叉的画法；图 10-8e 为管道跨越的画法。

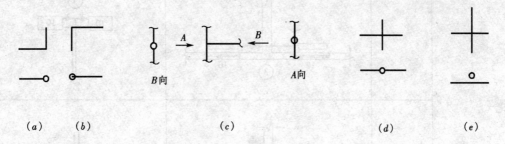

(a)　　(b)　　　　(c)　　　　　(d)　　(e)

图 10-8　管道常见画法

(a) 转向；(b) 转向；(c) 分支；(d) 交叉；(e) 跨越

管道在本图中断，转至其他图面表示（或由其他图面引来）时，应注明转至（或来自）的图纸编号。如图 10-9。

3. 管道与散热器连接的表示法

采暖管道、附件及设备画在给定的建筑平面图上，采暖平面图上的管道、散热器和附件都是示意性的，系统图则可以表示系统的全貌，反映出管道与散热器之间的连接以及排气和疏水等装置。采暖工程施工图中管道与散热器连接的表示方法见表 10-2。

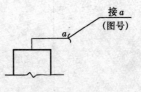

图 10-9　管道在本图中断的画法

管道与散热器连接的表示方法　　　表 10-2

系统型式	楼层	平面图	轴测图
双管上分式	顶层		
双管上分式	中间层		
双管上分式	底层		
双管下分式	顶层		
双管下分式	中间层		
双管下分式	底层		

续表

系统型式	楼层	平面图	轴测图
单管垂直式	顶层		
	中间层		
	底层		

4. 管径标注

焊接钢管用公称直径 DN 表示，如 DN50。无缝钢管用"外径×壁厚"表示，如 D114×5。一般情况下水平管道的管径尺寸宜标注在管道的上方；竖向管道的管径尺寸宜标注在管道的左侧。如图 10-10。

图 10-10 管径尺寸标注的位置

5. 散热器的标注

散热器上应表明规格和数量，按下列规定标注：

(1) 柱式散热器应只注数量；

(2) 圆翼型散热器应注根数、排数；

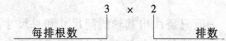

(3) 光管式散热器应注管径、长度、排数；

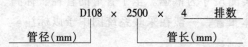

(4) 串片式散热器应注长度、排数。

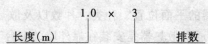

在系统图中，前两种应注在散热器内，后两种应注在散热器的上方，如图 10-11 所示。

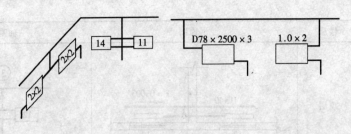

图 10-11 散热器的标注

四、采暖平面图

采暖平面图是室内采暖施工图中的基本图样,它表示室内采暖管道和散热设备的平面布置情况。

(一) 图示特点

1. 比例

采暖平面图的比例,一般采用与房屋建筑平面图相同的比例,采暖管道较复杂的部分,也可以画出局部放大图,采用较大的比例。

2. 平面图的数量

多层房屋的采暖平面图原则上应分层绘制。若楼层平面的管道布置相同时,可绘制一个共同的平面图(称为标准层平面图)。但必须绘制底层平面图和顶层平面图。

3. 房屋平面图的画法

在采暖平面图中所画的房屋平面图不是用于房屋的土建施工,仅作为采暖系统平面布置和定位的基准。因此,仅需用细实线($0.35b$)绘制房屋的墙身、柱、门窗洞、楼梯等主要建筑构配件的轮廓,并注明定位轴线的编号、房间名称、平面标高等。

4. 平面图的剖切位置

采暖平面图是在各层管道系统之上水平剖切后,向下投影所绘制的水平投影图。

5. 管道画法

在采暖平面图中,管道及设备都不必按其实际投影绘制,应按规定的图例画。如表 10-1 所示,供热管用粗实线绘制;回水(凝结水)管用粗虚线表示,各种管道无论是在楼面(地面)之上或之下,明装或暗装,均不考虑其可见性,仍按规定的线型绘制。管道的安装和连接方式可在施工说明中写清楚,一般在平面图中不表示。

6. 尺寸标注

房屋的水平方向尺寸,一般只需注出其轴线间尺寸和总尺寸。采暖管道和设备一般都是沿墙靠柱设置的,不必标注定位尺寸,必要时以墙面或柱面为基准标注。管道的长度一般不标注,在安装时以实测尺寸为依据。至于管道的管径、标高、坡度,因平面图不能充分反映管道在空间的具体布置,一般在采暖系统图中予以标注。

(二) 平面图的识读

通过阅读图 10-14、10-15、10-16,了解以下内容:

1. 查明建筑物内散热器的平面位置、种类、片数以及散热器的安装方式,即散热器是明装、暗装或半暗装的。通常散热器是安装在靠外墙的窗台下,散热器的规格和数量应注写在本组散热器所靠外墙的外侧,当散热器远离房屋的外墙时,可就近标注。

2．了解水平干管的布置方式，干管上的阀门、固定支架、补偿器等的平面位置和型号。识读时须注意干管是敷设在最高层，中间层还是底层，以此判定出是上分式系统、中分式系统或下分式系统，在底层平面图上还须查明回水干管或凝结水干管（虚线）的位置以及固定支架等的位置。若回水干管敷设在地沟内，则须查明地沟的尺寸。

3．通过立管编号查清系统立管数量和平面布置。

立管编号的标志是内径为 8～10mm 的圆圈，内用阿拉伯数字注明，一根立管为一个编号。一般用实心圆表示供热立管，用空心圆表示回水立管（也有全部用空心圆表示的）。

4．查明膨胀水箱、集气罐等设备在管道上的平面布置。

5．若是蒸汽采暖系统，须查明疏水器等疏水装置的平面位置及其规格尺寸。

6．查明热媒入口。

五、采暖系统图

采暖系统图是指从热媒入口至出口的采暖管道、散热器、主要附件的空间位置和相互关系的立体图。

（一）图示特点

1．比例

一般采用与采暖平面图相同的比例。当管道系统较复杂或较简单时，也可采用其他比例。总之，视具体情况而定，以表达清楚为原则。

2．轴向和变形系数

采暖系统图一般采用正面斜等测图，即 OZ 轴为房屋的高度方向；OX 轴处于水平位置；OY 轴一般与水平线夹角 45°。如图 10-12（有时也可用 30°或 60°）。为了与平面图配合阅读，OX 轴与平面图的横向一致，OY 轴与纵向一致。轴间角 $\angle XOY = 135°$，$\angle YOZ = 135°$，$\angle XOZ = 90°$。三轴的轴向变形系数 $Px = Py = Pz = 1$。如图 10-12 所示。

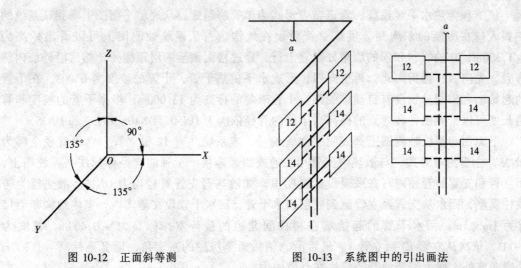

图 10-12　正面斜等测　　　　图 10-13　系统图中的引出画法

3．管道画法

管道的线型和采暖平面图一样，当空间交叉的管道在图中相交时，应鉴别其前后、上下的可见性，在相交处将在后面或下面被遮挡的管线断开。

在采暖系统中，当管道过于集中，无法表达清楚时，可在管道的适当位置断开，然后引出绘制在其他位置，相应的断开处宜用相同的小写拉丁字母注明，以便互相查找，这种画法如图10-13所示。图10-17管道系统图就采用了此种画法。

4．管径、坡度、标高

（1）管径　在采暖系统图中，每段管道均须逐段标注管径。但在连续管段中，如不影响图示的清晰性，可在管径变化的始端和终端旁标注，中间可省略。

（2）坡度　在采暖系统图中，水平干管必须标注坡度，坡度可注在管段旁边，数字下边画箭头以示坡向（指向下游），如0.003。

（3）标高　标高应以m为单位，宜注写到小数点后第三位。需注楼地面、供热总管、回水总管及水平干管的标高。若不加说明指的是管中心的标高。

（二）系统图的识读

通过阅读图10-17，须了解以下内容：

1．了解干管与立管之间以及立管、支管与散热器之间的连接方式，阀门的安装位置和数量，各管段管径大小、坡度、坡向，水平管道的标高以及立管编号等。

2．查清其他附件与设备在系统中的位置，凡注明规格尺寸者，都要与平面图和材料表进行核对。

3．查明热媒入口情况。

六、识读举例

图10-14、10-15、10-16为前面章节所讲述的某学校办公楼的底层、标准层和顶层采暖平面图，图10-17为其采暖系统图。读图时采暖平面图与系统图要对照起来看，一般是按管道的连接顺着热媒流动的方向阅读：采暖入口→供热总管→供热干管→供热立管→供热支管→散热器→回水支管→回水立管→回水干管→回水总管→采暖出口，这样能较快地掌握整个室内采暖系统的来龙去脉。

该工程为热水采暖系统，管道布置形式为单管跨越式。从底层平面图上看到该系统的热媒入口在房屋的东南角。供热总管敷设在地沟内，从系统轴测图上可以看出标高为-1.300m，在轴线⑩和Ⓐ的墙角处竖直上行，穿过楼面通至四层顶棚处，然后沿外墙内侧布置，先向西，再折向北，再折向西，形成水平供热干管，干管的坡度为0.003，在干管的起始端和末端分别设有自动排气阀。干管末端的标高为13.000m，根据干管的坡度和管道长度可以推算出各转弯点的标高。干管的管径依次为DN50、DN40、DN32和DN25。

平面图和系统轴测图上都表明了立管编号，本系统共有12根立管，立管管径全部为DN25，立管为单管式，与散热器支管用三通或四通连接。干管的管径都标注在系统图上，而立管和支管的管径则写在采暖设计说明里，如散热器支管管径均为DN15。散热器为铸铁柱翼型，回水从支管经立管流到底层回水干管，回水干管设在地沟内，室内地沟断面尺寸为1m×1m。回水干管的起始端在楼梯间北边的接待室，标高为-0.400m，坡度为0.003，依次从立管12到立管1。最后沿⑩轴线通至房屋的东南角，返低至标高-1.300m处通向室外，回水干管的管径标注在系统图中。

从图10-14、10-15、10-16可以看出各楼层房间内散热器的平面布置情况以及散热器的片数。采暖系统采用单管跨越式，供热干管安装在四层顶棚下，在顶层平面图中用粗实线表示了供热干管的布置，以及干管与立管的连接情况；回水干管安装在底层地沟内，室内

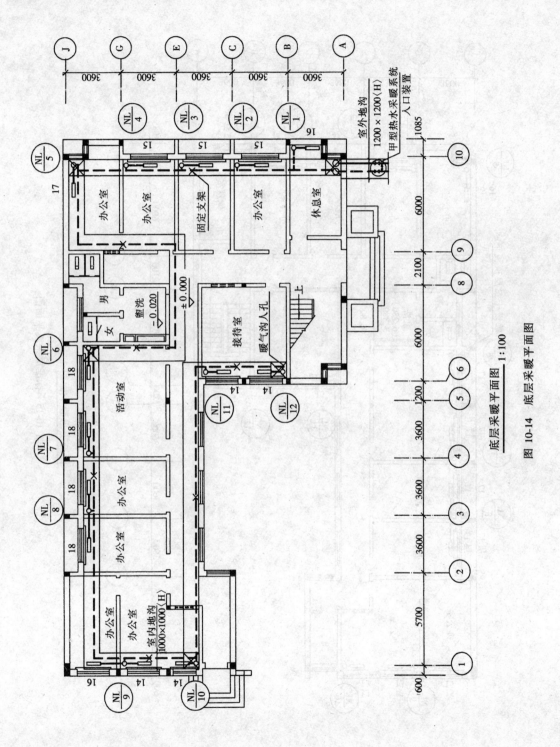

底层采暖平面图 1:100

图 10-14 底层采暖平面图

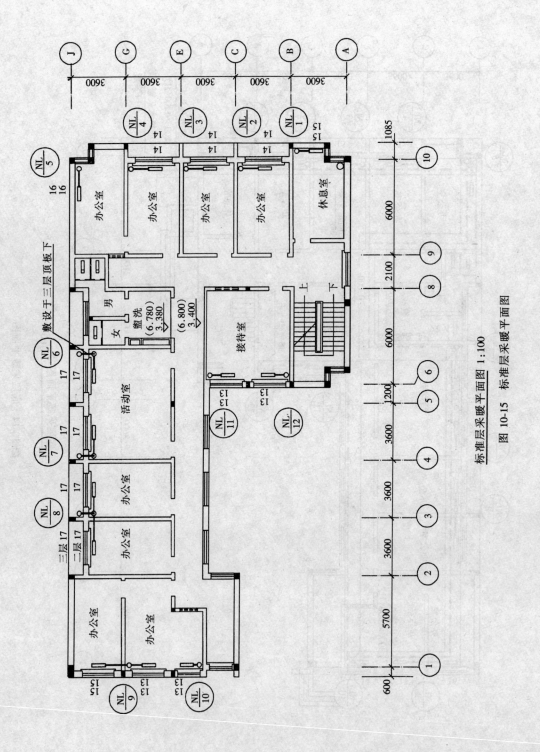

图 10-15 标准层采暖平面图

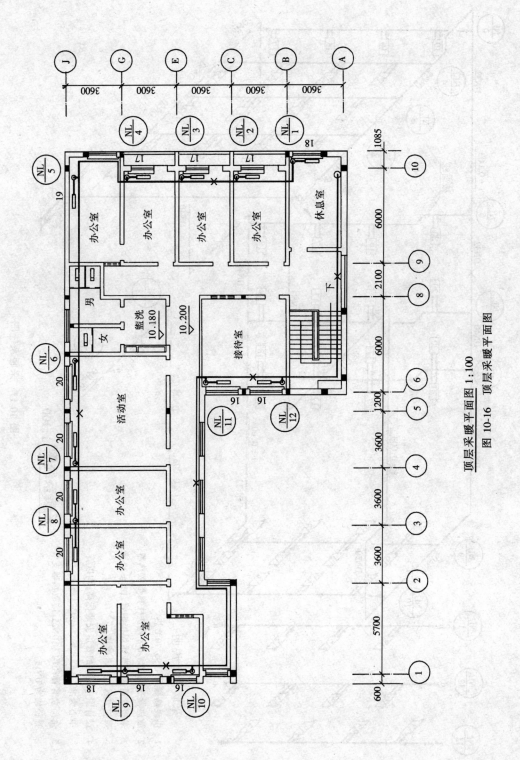

图 10-16 顶层采暖平面图

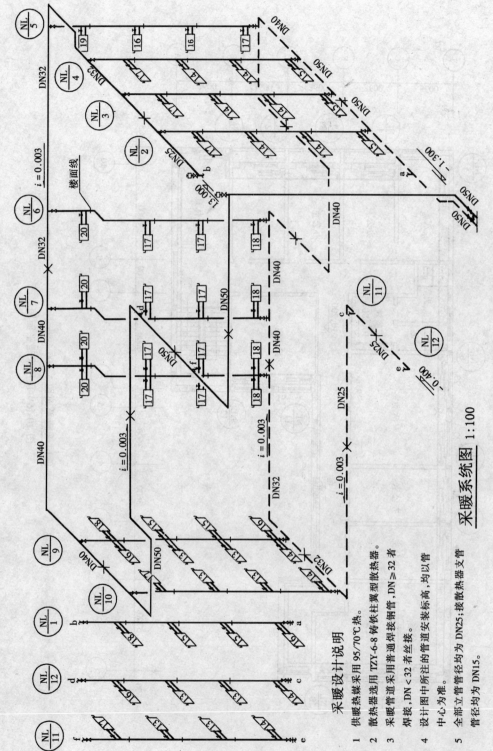

图 10-17 采暖系统图 1:100

地沟用细实线表示，为了便于检查维修，设置了五个暖气沟人孔。另外在底层平面图上还表示了采暖出入口的位置。而在标准层平面图中，既没有供热干管也没有回水干管，只表示了立管通过支管与散热器的连接情况。散热器一般是沿内墙安装在窗台下，立管位于墙角处。由于顶层的北外墙向外拉齐，因此立管在三层到四层处拐弯，这在标准层平面图上和系统图上都表达出来。散热器的片数在平面图和系统图上都有标注，如顶层休息室为18片，顶层接待室为16片。绘制系统图时，为了避免管道重叠采用了断开画法，把立管1、11、13移到其他地方绘制，读图时要注意。

从系统图可以看出每根立管的两端均设有截止阀，每个散热器的进水支管上也设有阀门，每个散热器上装有手动排气阀。干管上设有固定支架，供水干管上有6个，回水干管上有7个，具体位置在平面图中已表示出来。此外在采暖出入口处，供热总管和回水总管上设有甲型热水采暖系统入口装置。

通过阅读采暖平面图和系统图，可以了解房屋内整个采暖系统的空间布置情况。但管道的连接在图上都是示意性的，实际安装时应按标准图或习惯做法进行施工。

七、画图步骤

（一）平面图的绘图步骤

1. 先按比例用细实线画出所需的房屋平面图。画房屋平面图时，先画轴线，再画墙身和门窗洞，最后画其他构配件。
2. 用细实线画出平面图中各组散热器的位置。
3. 画出各立管的位置，在中间层平面图中画出支管连接立管和散热器。
4. 顶层或底层平面图，首先要画出供热总管、干管和回水总管、干管的位置。
5. 用细实线画出管道上的附件及设备，如阀门、固定支点、集气罐等。
6. 标注立管的编号、散热器片数、设备型号等，同时标出房屋平面图的轴线编号、轴线间尺寸等。

（二）采暖系统图的绘图步骤

1. 从供热总管开始顺序画出全部水平干管的位置。
2. 在水平干管上按照平面图的立管位置和编号画出全部立管。
3. 画出所有支管和散热器。
4. 画回水管路时，若是双管系统，从回水支管画起，若是单管系统就从立管末端画起，顺序画出回水干管至回水总管。
5. 画出管道上的附件及设备。
6. 标注管径大小、管道坡度和标高及散热器片数等。
7. 填写技术说明。

第三节 通风施工图

一、概述

通风工程包括送（进）风、排风两个系统。简单说来，通风就是把室内的废气排出去，把新鲜空气送入室内，从而保持室内空气的新鲜和纯洁度，造成一个人们所需要的舒适的居住条件和工作环境，保证人们的健康。

通风工程由空气处理室、风机、空气输送管道及空气分布器所组成。空气处理室是对空气进行过滤、除尘、加热、冷却、加湿等的主要设备。风机是输送气体的机械，常用的有离心式风机和轴流式风机。空气输送管道包括送风管和排风管。

通风工程图一般由通风系统平面图、剖面图、系统轴测图、详图、图例及施工说明等组成。通风工程图的图例如表10-3所示。

通风工程常用图例　　表10-3

名称	图例	说明	名称	图例	说明
送风口	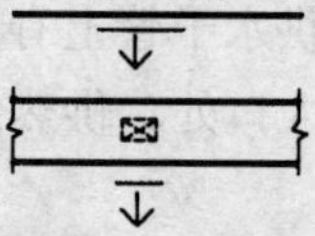	上为单线画法 下为双线画法 箭头表示空气流向	方形散流器	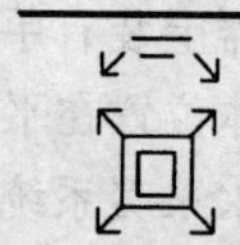	上为剖面 下为平面
回风口	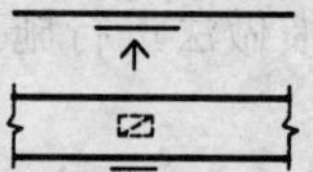	上为单线画法 下为双线画法 箭头表示空气流向	蝶阀	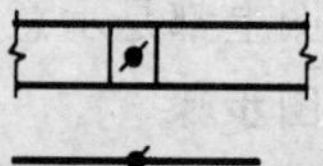	
矩形三通	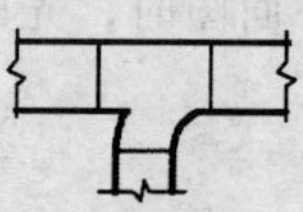		防火(调节)阀		
圆形三通	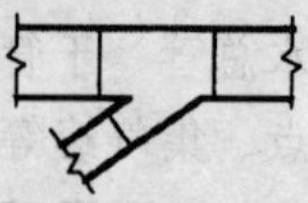		混凝土或砖砌风道	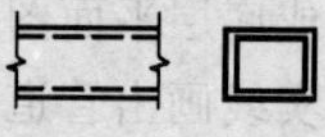	
带导流片弯头	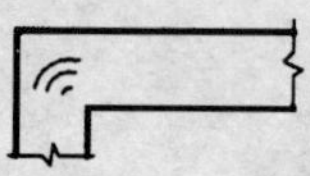		风管检查孔	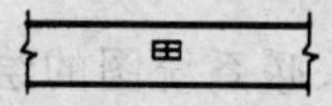	

二、通风平面图

通风平面图是通风施工图中的基本图样，它主要反映通风管道和设备的平面布置情况。

（一）通风平面图的图示特点

1. 比例

通风平面图的比例一般采用与房屋建筑图相同的比例。

2. 平面图的数量

多层建筑原则上应分层绘制通风平面图。若楼层平面的通风管道布置相同时可绘制一标准层平面图。

3. 房屋平面图

在通风平面图中所画房屋平面图不是用于房屋的土建施工，仅作为通风系统平面布置和定位的基准。因此，仅需绘制房屋的墙身、柱、门窗洞、楼梯、平台等主要构配件。图线用细实线。

4. 风管画法及标注

在通风平面图中风管一般采用双线画法。如图10-18所示。风管的外廓线用粗实线绘制，风管法兰盘用中实线表示。圆形风管应用细点划线画出其中心线。风管的管径或断面尺寸可直接标注在风管上或风管旁。圆型风管的直径用"ϕ"表示；矩形风管的断面尺寸用"$A \times B$"表示，"A"为该视图投影面的边长尺寸，"B"为另一边尺寸，如在平面图中表示为"宽×高"，在剖面图中表示为"高×宽"，如图10-18所示。单位均为mm。

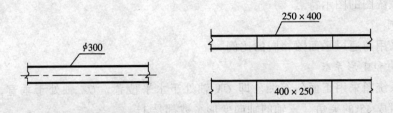

图 10-18 风管画法及标注

风管的转向画法如图10-19所示：

图 10-19 风管的转向画法
(a) 送风管；(b) 回风管

5. 尺寸注法

通风平面图上应注出设备、管道定位（中心、外轮廓）线与建筑定位（墙边、柱边、柱中）线间的关系，还需注出各管段的断面尺寸，以及设备和部件的编号。

（二）通风平面图的识读

通过读图了解以下几方面的内容：

1. 风管系统的构成、布置及风管上各部件、设备的位置，例如异径管、三通接头、四通接头、弯管、检查孔、调节阀、防火阀等。
2. 进风口、送风口的位置以及空气流动方向。
3. 系统的编号，只有一个系统时不编号。
4. 风机、电机等设备的形状轮廓及定位尺寸。

三、通风剖面图

通风剖面图是用来表示管道和设备在高度方向的布置情况及主要尺寸。

通风剖面图和平面图在同一张图纸上绘制时，平面图应在下，剖面图应在上，这样便于对照阅读。

剖面图的剖切位置，应选择在能反映通风系统全貌的位置，剖切符号应注在平面图中。

在通风剖面图中主要标注高度方向的尺寸和标高，如设备、管道、以及楼面、屋面、地面等处的标高。图中所注风管标高，对于圆型风管，以管中心为准；对于矩形风管，以风管底面为准。

若通风系统比较简单时，也可以不画通风剖面图。

四、通风系统图

通风系统图是用来表示管道在空间的弯曲走向和交叉情况的图样，它能反映出通风系统的全貌。

通风系统图的图示特点

1. 比例

一般采用与通风平面图相同的比例。

2. 轴向和变形系数

通风系统图采用正面斜等测。即 OX 轴处于水平位置，OZ 轴处于垂直，OY 轴一般与水平线组成 45°的夹角。三轴的轴向变形系数都是1。

3. 风管画法

风管可采用双线画法，也可采用单线画法。双线画法比较直观，但绘图麻烦。

4. 尺寸标注

通风系统图中标注的标高是相对标高，即以底层室内地面为 ±0.000m。一般需要注出管道、设备、地面或楼面等的标高。此外还应标注风管各段的断面尺寸，以及设备和部件的尺寸和编号等。

五、通风施工图的阅读

看图时首先要先看懂房屋平面图、剖面图。本图为某大厦多功能厅。①和②轴线间是空调机房，②和⑤轴线间为多功能厅。

阅读通风施工图时，平面图、剖面图和系统图应互相配合对照查看。如图 10-20 为多功能厅通风平面图，图 10-21 为其剖面图，图 10-22 为其系统图。由图可以看出空调箱设在①、②轴线间的空调机房，进风口在室外Ⓐ轴外墙上，空调系统由此进风管从室外吸入新鲜空气。在空调机房②轴内墙上，有一消声器4，这是回风管，室内大部分空气由此消声器吸入回到空调机房。新风与回风在空调机房内混合后就被空调箱吸入，经冷热处理，由空调箱顶部的出风口向上直通至屋面顶棚内，先经过防火阀，再经过消声器2，流入送风管1250×500，在这里分出第一个分支管800×500，再往前流，经过管道800×500，又分出第二个分支管800×250，继续往前流，再分出第三个分支管800×250，在每个分支管上有240×240方形散流器3共6个，送风便通过这些方形散流器送入多功能厅。

从 A-A 剖面图可以看出房间层高 6m，吊顶离地面高度为 3.5m，送风干管和支管都安装于顶棚内，送风口直接开在吊顶面上，风管底标高为 4.25m，气流组织为上送下回。

从 B-B 剖面图上可以看出，送风管直接从空调箱上部接出，沿气流方向高度不断减小，从 500 变成了 250。从该剖面图也可以看到三个送风支管在这根总风管上的接口位置，图上用 ⟋ 标出，支管大小分别为 500×800、250×800、250×800。

系统的轴测图清晰地表示出该空调系统的构成、管道空间走向及设备的布置情况。

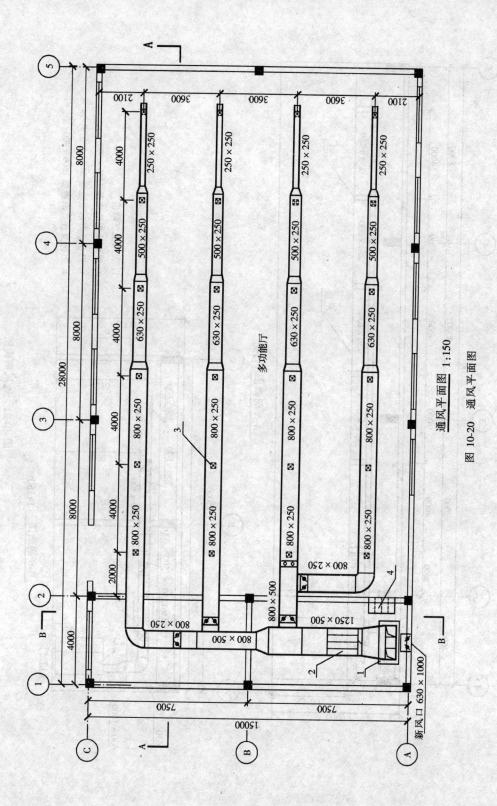

图 10-20 通风平面图

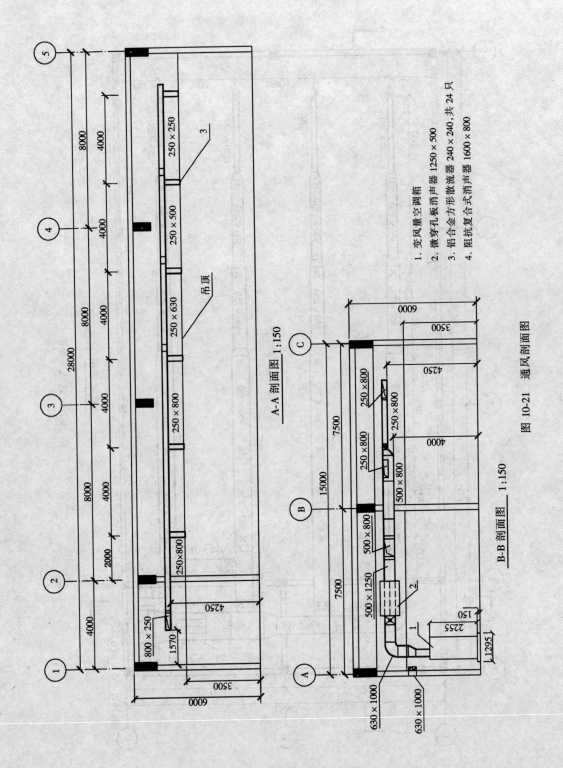

图 10-21 通风剖面图

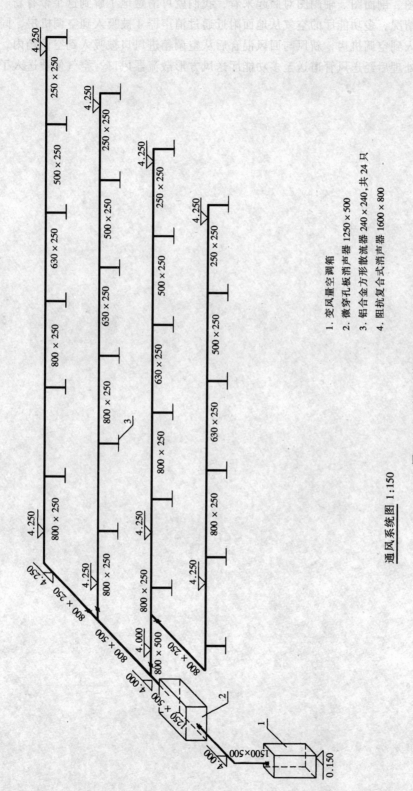

图 10-22 通风系统图

将平面图、剖面图、轴测图对照起来看，我们就可清楚地了解到这个带有新、回风的空调系统的情况，多功能厅的空气从地面附近通过消声器4被吸入到空调机房，同时新风从室外被吸入到空调机房，新风与回风混合后从空调箱进风口被吸入到空调箱内，经空调箱冷（热）处理后经送风管道送至多功能厅送风方形散流器风口，空气便被送入了多功能厅。

第十一章 建筑电气施工图

现代建筑是由建筑、结构、采暖通风、给水排水、电气等有关工程所形成的综合体，电气工程为其中的一部分，故在设计过程中，必须注意与其他工程的紧密配合和协调一致，这样才能使建筑物的各项功能得到充分发挥。

第一节 概 述

一、简介

发电厂产生的电能，通过输配电系统，将电能输送到用电地区，供给用户。为了将电能输送到用户和各种电气设备，必须通过电路等设施来实现。输送和分配电能的电路系统和设施均称为供电线路工程。

1. 供电线路工程的分类

按供电的使用对象分为电气照明供电线路、动力设备供电线路和电热设备供电线路。

2. 室内照明供电线路的电压

室外电网一般为三相四线制供电，即由配电变压器的低压侧引出三根相线（亦称为火线，分别用 A、B、C 表示）和一根中性线（亦称为零线，用 N 表示）。相线与相线之间的电压是 380V，称为线电压，可供动力负载用电；相线与中线之间的电压为 220V，称为相电压，可供照明负载用电。

二、建筑电气图的特点

建筑电气工程图大多是采用统一的图形符号并加注文字符号绘制出来的。构成建筑电气工程的设备、元件、线路很多，结构类型不一，安装方法各异，只有借助于统一的图形符号和文字符号来表达，才能表达清楚，表 11-1 为常用的建筑电气图形符号。

建筑电气常用图形符号　　　　　　　　　　表 11-1

图例	名 称	图例	名 称	图例	名 称
▬	动力照明配电箱	⌐	单极开关（明装）	⊗	普通照明灯
▬	照明配电箱	⌐	暗装双极开关	⊕	防水防尘灯
kwh	电度表	⌐	暗装单极开关	⊖	壁灯
⤫	漏电开关	⌐	拉线开关	●	球形灯
⊏⊐	熔断器	⌒	单相插座（明装）	✲	花灯
↗	管线引向符号（引上、引下）	⩙	暗装单相三孔空调插座	⊢⊣	单管萤光灯

续表

图例	名称	图例	名称	图例	名称
![]	管线引向符号 （由上引来、由下引来）	![]	暗装单相插座	![]	双管萤光灯
![]	引线标记	![]	吊扇	![]	吊扇开关

1. 导线的表示法

（1）多线表示法。多线表示法是指每根导线在简图上都分别用一条线表示的方法。如图 11-1a 所示。

（2）单线表示法。单线表示法是指两根或两根以上的导线，在图上只用一条线表示。若要表示该组导线的根数可加画相应数量的斜短线表示。如图 11-1b 所示；或只画一条斜短线，注写数字表示导线的根数，如图 11-1c 所示。双线时可省略不标。

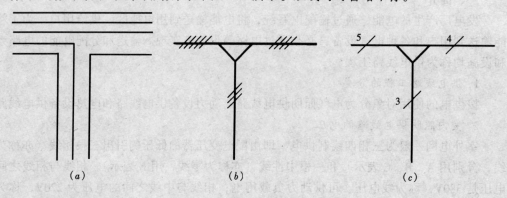

图 11-1　导线的表示法

2. 照明基本线路

一只开关控制一盏灯或多盏灯，在平面图上的表示如图 11-2 所示；

图 11-2　一只开关控制一盏灯或多盏灯的平面表示

其实际接线图如图 11-3 所示：

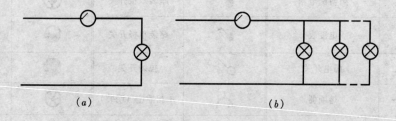

图 11-3　一只开关控制一盏灯或多盏灯的实际接线图

从实际接线图我们可以清楚以下几点：1）电源进线是两根线，接入开关和灯座的也是两根线；2）开关必须串接在相线上，零线不进开关，直接接灯座。

图 11-4a 为一照明平面图，反映出了 3 盏灯、3 个开关及其线路的平面布置。在左侧房间里有两盏灯，由安装在进门右侧的两个开关分别控制。从图中可看出两盏灯之间以及与开关之间都是 3 根导线，这从图 11-4b 可以看出来。

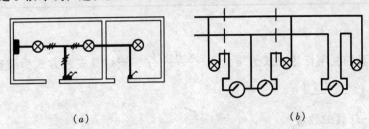

图 11-4 照明基本线路
(a) 平面图；(b) 实际接线图

3．线路的标注方法

电力照明线路在平面图上均用粗实线表示，在图线旁标注必要的文字符号，用以说明线路的用途、导线型号、规格、根数、线路敷设方式及敷设部位等。其标注基本格式是：

$$a - b(c \times d)e - f$$

式中　a——线路编号或线路用途的符号；
　　　b——导线型号；
　　　c——导线根数；
　　　d——导线截面，mm^2；
　　　e——保护管管径，mm；
　　　f——线路敷设方式和敷设部位。

例如：BLV－（3×4）G15－WC，表示 3 根截面分别为 $4mm^2$ 的铝芯聚氯乙烯绝缘电线，穿直径 $15mm$ 的水煤气钢管沿墙暗敷设。常用导线型号、敷设方式和敷设部位代号，见表 11-2 导线型号，表 11-3 线路敷设方式，表 11-4 线路敷设部位文字符号。

导　线　型　号　　　　　　　　　　　　　　　　　　　表 11-2

名　称	符　号	名　称	符　号
铝芯塑料护套线	BLVV	铜芯塑料绝缘线	BV
铜芯塑料护套线	BVV	铝芯橡皮绝缘电缆	XLV
铝芯聚氯乙烯线	BLV		

线路敷设方式文字符号　　　　　　　　　　　　　　　　表 11-3

名　称	旧符号	新符号	名　称	旧符号	新符号
暗敷	A	C	水煤气管	G	G
明敷	M	E	塑料管	SG	P
金属软管		F	钢管	GG	S

线路敷设部位文字符号　　　　　　　　　　表 11-4

名 称	旧符号	新符号	名 称	旧符号	新符号
梁	L	B	地面（板）	D	F
顶棚	P	CE	吊顶		SC
柱	Z	C	墙	Q	W

4. 照明灯具的标注方法

照明灯具的文字标注方式为 $a - b\dfrac{c \times d \times l}{e}f$，当灯具安装方式为吸顶安装时，则标注应为 $a - b\dfrac{c \times d \times l}{-}$。

式中　　a——灯具的数量；

　　　　b——灯具的型号或编号或代号；

　　　　c——每盏照明灯具的灯泡数；

　　　　d——每个灯泡的容量，W；

　　　　e——灯泡安装高度，m；

　　　　f——灯具安装方式；

　　　　l——光源的种类（常省略不标）

灯具的安装方式主要有吸顶安装、嵌入式安装、吸壁安装及吊装，其中吊装又分线吊、链吊及管吊。灯具安装方式的文字代号可参见表 11-5。常见光源的种类有：白炽灯（IN）、荧光灯（FL）、汞灯（Hg）、钠灯（Na）等。

照明灯具安装方式文字符号　　　　　　　　表 11-5

名 称	旧符号	新符号	名 称	旧符号	新符号
链吊	L	C	吸顶	用文字注明	
管吊	G	P	嵌入		R
线吊	X	WP	壁装	B	W

如标注为：$5 - YG_2 - 2\dfrac{2 \times 40 \times FL}{2.5}C$，则表示有 5 盏型号为 YG$_2$-2 型的荧光灯，每盏灯有 2 个 40W 灯管，安装高度为 2.5m，采用链吊安装。照明灯具在图中也可不标注，而是在材料表中列明。

第二节　室内电气照明施工图

室内电气照明施工图是建筑电气图中最基本的图样之一，一般包括系统图、平面图、配电箱安装接线图等。

一、室内电气照明工程的组成

为了说明室内照明供电系统的组成，我们现以某住宅建筑为例，具体说明如下：电源进户后首先进入总熔丝盒，再经过配电箱内的分熔丝盒进入电表，电表与户内各干线路上的闸刀开关和熔断器相通，有的还设分配电箱及分支线路，最后线路通至各电气照明设备，以构成室内照明供电系统。如图 11-5 所示。

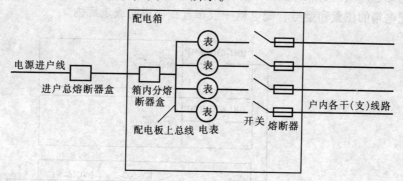

图 11-5 配电系统组成示意图

(1) 电源进户线　电源进户线是室外电网到房屋内总配电箱的一段供电总电缆线。

(2) 配电箱　是接受和分配电能的装置，内部装有接通和切断电路的闸刀开关或漏电开关，作为防止短路故障保护设备的熔断器，以及记录耗电量的电表等。

(3) 干线　从总配电箱引至分配电箱的一段供电线路。

(4) 支线　从用户电表箱连接至室内电气照明设备的一段供电线路。

二、室内电气照明施工图的有关规定

1. 比例

室内照明平面图一般与房屋的建筑平面图采用相同的比例。土建部分应完全按比例绘制，电气部分是采用图形符号绘制的，可不完全按比例绘制。

2. 房屋平面的画法

用细线画出房屋的墙身、柱、门窗洞、楼梯、台阶等主要构配件，至于房屋的细部和门窗代号等均可省略，但要画全轴线，标注轴线间尺寸。

3. 电气部分的画法

供电线路用中或粗的单线绘制，不必考虑其可见性，一律画为实线。至于配电箱和各种器具按图例绘制。

4. 标注

供电线路要标注必要的文字符号，用以说明线路的用途、导线型号、规格、根数、线路敷设方式及敷设部位等。配电箱、灯具等也要按规定标注或列表说明。但供电线路、灯具和插座等的定位尺寸一般不标。线路的长度在安装时以实测尺寸为依据，在图中不标注其长度。开关和插座的高度一般也不标，施工时按照施工及验收规范进行安装，如一般开关的高度为距地 1.3m，距门框 0.15~0.20m。

三、电气照明施工图的识读

识读电气照明施工图的基本方法是配电平面图与配电系统图配合读图。配电平面图主要表示电力照明设备（如灯具、插座、风扇等）和线路在房屋内的平面布置情况。配电系统图主要表示整个供电系统的主貌，二者是相辅相成的。一般是先看配电系统图，再看电气照明平面图，最后看安装和接线详图。

1. 平面图的识读

配电平面图识读时要掌握的主要内容如下：

(1) 电源进户线的引入位置、规格、敷设方式等；
(2) 配电箱的位置和型号，配电箱一般布置在楼梯间或走廊内。

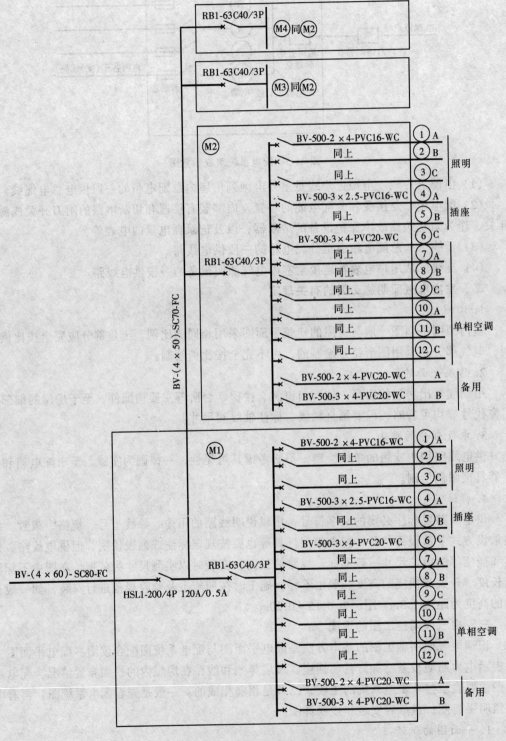

图 11-6 配电系统图

(3) 供电线路中各条干线、支线的位置和走向,敷设方式和部位,以及导线的规格等。

(4) 照明灯具、控制开关、电源插座等的数量、种类、安装位置和相互连接关系。

2. 系统图的识读

配电系统图是表明建筑物内照明供电线路的全貌和连接关系的示意图,并不表明电气设施的具体安装位置,不是投影图,可不按比例绘制。配电系统图要表示出各层的配电装置的组成,导线和器材(如熔断器)的规格型号及数量,穿线管的管径以及照明设备的容量值等。如图 11-6 所示。

3. 识读举例

图 11-7、11-8、11-9 为前面章节所讲述的某学校办公楼的底层、标准层和顶层配电平面图。图 11-6 为其配电系统图。表 11-6 为其设备材料表。读图时一般是顺着电力流动的方向依次阅读:电源进户线→配电箱→干线→支线→用电设备(如灯具、插座、开关等)。

设 备 材 料 表　　　　　　　　　　　表 11-6

序号	符号	设备名称	型号	规格	单位	备注
1	■	照明配电箱			个	1.8m 暗装
2	 ⊢⊣	单管荧光灯		1×40W	个	吊链安装距地 3.0m
3	 ⊕	防水防尘灯		1×40W	个	吸顶
4	●	球形灯		1×32W	个	吸顶
5	⌇	暗装双极开关	WB503	10A/280V	个	1.4m 暗装
6	⌇	暗装单极开关	WB501	10A/280V	个	1.4m 暗装
7	▲	暗装单相五孔插座	A4/10US	10A/280V	个	0.5m 暗装
8	▲	暗装单相三孔空调插座			个	1.8m 暗装
9	 ⌇	引线标记			个	
10	⋈	吊扇			个	吊链安装距地 3.1m
11	⏀	吊扇开关	WB520		个	1.4m 暗装
12	# MEB	总等电位联结箱	见大样			下皮距地 300 暗装

本工程图附加电气设计说明如下:

(1) 工程采用 BV 电缆穿管埋地进户,埋设深度为室外 -800mm,电压 380/220V。

(2) 设漏电开关的配电箱,分支回路动作电流整定值 30MA,主回路动作电流整定值 500MA。

(3) 室内导线穿阻燃型 PVC 管沿楼板、梁及墙暗敷。做法见《硬塑料管配线安装》中有关部分。

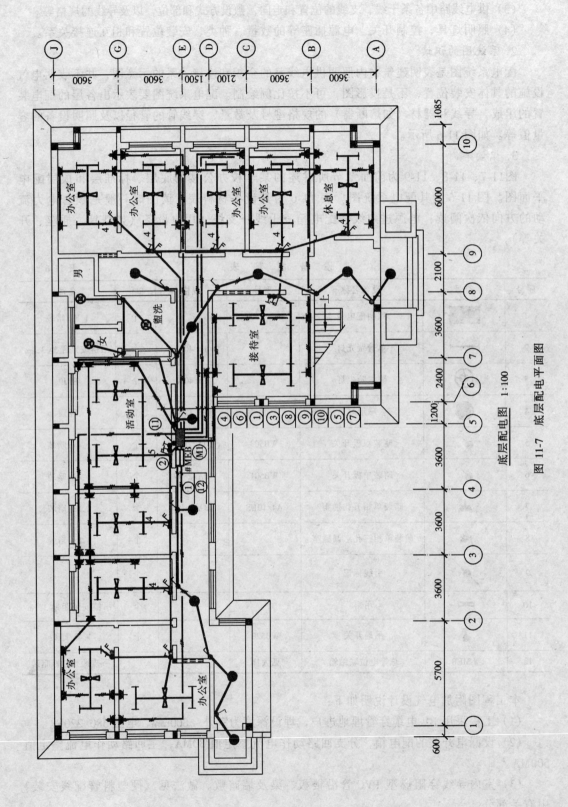

图 11-7 底层配电平面图

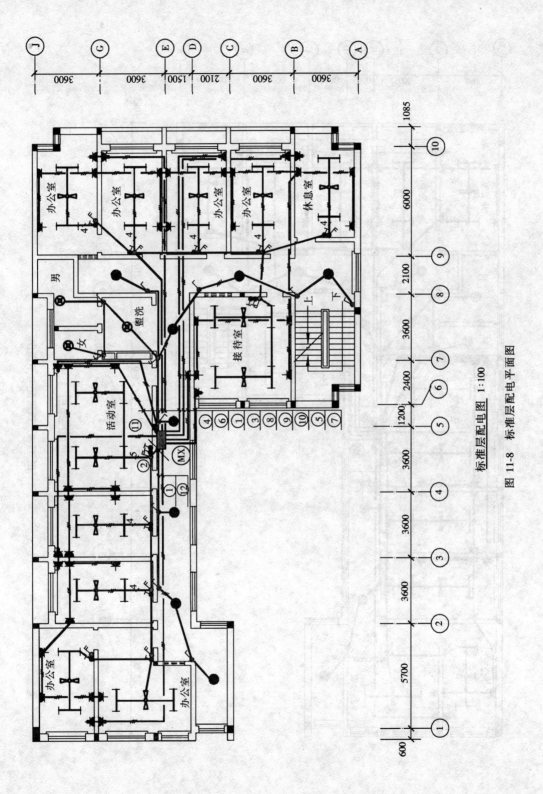

图 11-8 标准层配电平面图

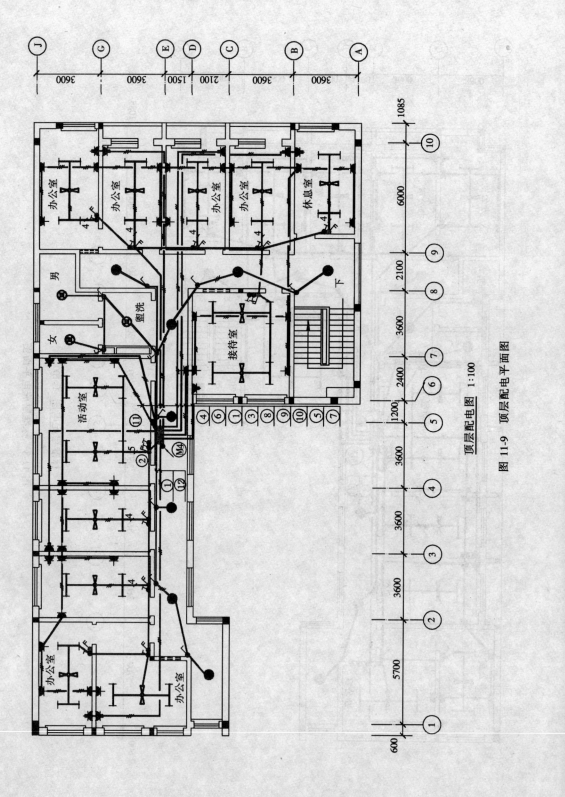

图 11-9 顶层配电平面图

(4) 所有进出建筑物之电气管道均作防水处理，做法参见 JD5-113。

(5) 所有电气管线密集处应避开结构承重梁或柱处理。

从图 11-6 照明系统图可知，该照明工程采用三相四线制供电，电源进户线采用 BV (4×60)-SC80-FC，表示四根铜芯塑料绝缘线，每根截面为 $60mm^2$，穿在一根直径为 80mm 的水煤气管内，埋地暗敷设，通至配电箱，内有漏电开关，型号为 HSL1-200/4P 120A/0.5A，然后引出四条支路分别向一、二、三、四层供电。这四条供电干线为三相四线制，标注为 BV-4×50-SC70-FC，表示有四根铜芯塑料绝缘线，每根截面为 $50mm^2$，穿在直径为 70mm 的水煤气管内，埋地暗敷设。底层为总配电箱，二、三、四层为分配电箱，由于各层分配电箱内的装置与接线完全相同，故系统图中对一层二层配电箱做了详细标注，三、四层均标注同二层（M2）。每层的供电干线上都装有漏电开关，其型号为 RB1-63C40/3P。由配电箱引出 14 条支路，其配电对象分别为：①、②、③支路向照明灯和风扇供电，线路为 BV-500-2×4-PVC16-WC，表示两根铜芯塑料绝缘线，每根截面为 $4mm^2$，穿直径为 16mm 的阻燃型 PVC 管沿墙暗敷。④、⑤支路向单相五孔插座供电，线路为 BV-500-3×2.5-PVC16-WC。⑥、⑦、⑧、⑨、⑩、⑪、⑫向室内空调用三孔插座供电，线路为 BV-500-3×4-PVC20-WC。⑬、⑭支路备用。

通过系统图已大概了解了该照明系统的组成和连接关系，但对于设备的布置，线路走向及各支路的连接情况必须通过平面图了解。看平面图时，可以按电流入户的方向顺序阅读，即配电箱→支路→支路上的用电设备。由于楼内各房间的用途基本相同，所以各房间的灯具形式、吊扇、插座基本相同，只不过因房间大小不同，布置的数量不一样多。底层平面图中每个房间内都布置有单管荧光灯、吊扇、单相五孔插座、空调插座。荧光灯采用吊链安装，安装高度 3.0m，灯管功率 40W；吊扇采用吊链安装，安装高度 3.1m，用吊扇开关控制；吊扇开关采用暗装，安装高度 1.4m；单相五孔插座，暗装，安装高度 0.5m；空调用插座采用单相三孔空调插座，暗装，安装高度 1.8m。如④、⑦轴线间的房间内有四盏单管荧光灯，用西边门侧的暗装双极开关控制；吊扇两台，用西边门侧的两个暗装吊扇开关控制；接在②支路上。暗装单相五孔插座四个，接在④支路上；暗装单相三孔空调插座一个，接在⑥支路上。再如楼梯间对面的房间内有两盏单管荧光灯，用门旁的暗装双极开关控制，吊扇一台，用门旁的暗装吊扇开关控制，接在③支路上；暗装单相五孔插座三个，接在⑤支路上；暗装单相三孔空调插座一个，接在⑩支路上。走廊内布置有八盏天棚灯，吸顶暗装，每盏灯由一个暗装单极开关控制，两个出入口处各有一盏天棚灯，所有这些都接在①支路上。盥洗间内较潮湿，装有三盏防水防尘灯，用 60W 白炽灯泡吸顶安装，各自用开关控制，接在①支路上。由于一、二、三、四层的房间用途基本相同，大小也基本相同，因此用电设备的布置完全一样。

各支路的连接情况如下：①支路向一层走廊、盥洗室和出入口处的照明灯供电；②支路向⑦轴线西部的室内照明灯和电扇供电；③支路向⑦轴线东部Ⓔ轴线南部的室内照明灯和电扇供电；④支路向⑦轴线西部的室内单相五孔插座供电；⑤支路向⑦轴线东部和Ⓔ轴线南部单相五孔插座供电。由于空调的电流比较大，一般情况下一个支路上只有一个插座，有时也可有两个插座。如⑥支路向④、⑦轴线间的单相三孔空调插座供电，图中此处线路比较多，把⑥支路画在了墙体中，但其仍是沿墙暗敷；⑦支路向楼梯间北面房间内的三孔空调插座供电；⑧支路向东部Ⓔ、Ⓙ轴线间的两个办公室内三孔空调插座供电；⑨支路向Ⓔ、Ⓒ轴线间的三孔空调插座供电；⑩支路向东部Ⓐ、Ⓒ轴线间的两个房间内三孔空调插座供电；⑪支路向②、④轴线间的两个办公室内三孔空调插座供电；⑫支路向西部Ⓓ、Ⓙ轴线间的两个办公室内三孔空调插座供电。各支路的连接，系统图上表示也很清楚，即①、④、⑦、⑩接A相，②、⑤、⑧、⑪接B相，③、⑥、⑨、⑫接C相。

房间内线路、灯具、插座比较多，为了表达得更清楚，从底层平面图中取出③、⑧轴线间的部分采用放大的比例绘制。如图11-10所示。

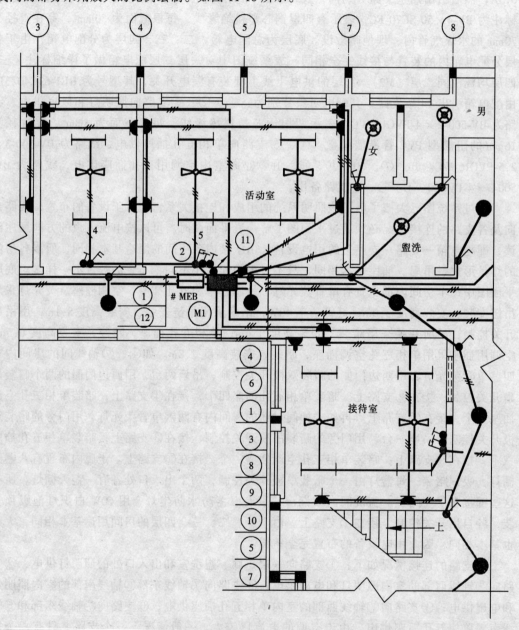

图11-10 底层配电平面图放大图

第十二章 机械图的基本知识

第一节 概 述

在土建工程中广泛地使用着各种施工机械和机械设备。在使用这些机械和设备时，需要通过识读有关的机械图样来了解它们的性能和结构，以便保养与维修。因此，建筑工程技术人员除了能够绘制和阅读建筑工程图以外，还必须对机械图有所了解。

机械图图示基本原理与土建工程图一样，都采用正投影法。例如，同样是采用多面投影以表示外部形状。需要时，同样可以用假想剖切平面将形体剖开，表示其内部形状与构造。但由于机械的功能、制造工艺和土建工程不同，因此在表达方法和内容上也就有所不同。例如视图的名称、图线标准、所采用的比例和尺寸标注等都有所区别。

机械图一般分总装配图、部件装配图和零件图。各种图中，都有一定的规定画法、习惯画法和简化画法。所以在阅读和绘制机械图中，必须遵守《机械制图》国家标准的各项规定，注意掌握机械图的图示特点和表达方法。

一、机械图与房屋建筑图在名称上的区别

1. 基本视图

机械制图国家标准对基本名称及其投影方向作了如下的规定：

主视图：由前向后投影所得的视图，相当于土建图中的正立面图；
俯视图：由上向下投影所得的视图，相当于土建图中的平面图；
左视图：由左向右投影所得的视图，相当于土建图中的左侧立面图；
右视图：由右向左投影所得的视图，相当于土建图中的右侧立面图；
仰视图：由下向上投影所得的视图，相当于土建图中的底面图；
后视图：由后向前投影所得的视图，相当于土建图中的背立面图。

六个基本视图的配置关系如图 12-1 所示。在同一张图纸内按图 12-1 配置视图时，一律不标注视图的名称。

如不能按图 12-1 配置视图时，应在视图上方标出视图的名称"×向"，如图 12-2 所示。

2. 剖视图、剖面图

剖视图：假想用剖切面剖开机件，将处在观察者和剖切面之间的部分移去，而将其余部分向投影面投影，所得图形称为剖视图，相当于土建图中的剖面图。

剖面图：假想用剖切平面将机件的某处切断，仅画出断面的图形，这个图形称为剖面图，相当于土建图中的断面图。

在机械图中，一般应在剖视图的上方用字母标出视图的名称"×—×"，在相应的视图上用剖切符号（线宽为 $1\sim 1.5b$ 的断开粗实线）表示剖切位置。在剖切符号的起迄处用箭头画出投影方向，并标注出同样的字母"×"。当剖视图按投影关系配置，中间又没有其他图形隔开时，可省略箭头；当单一剖切平面通过机件的对称平面或基本对称的平面，

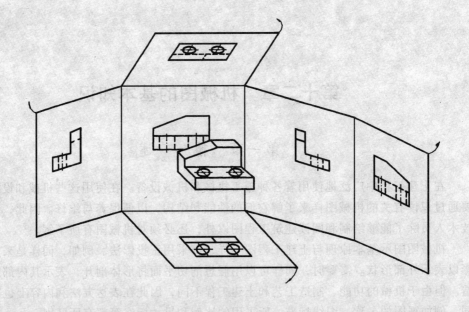

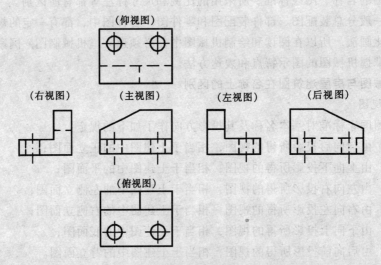

图 12-1 六个基本视图的配置关系及其名称

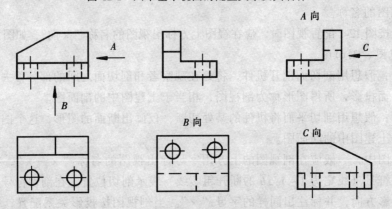

图 12-2 视图不按基本视图位置配置时的标注

且剖视图按投影关系配置,中间又没有其他图形隔开时,可省略标注。如图 12-3 所示。

二、机械图中的一些规定画法

1. 对于机件的肋、轮辐及薄壁等,如按纵向剖切,这些结构都不画剖面符号,而用粗实线与其邻接部分分开。如图 12-4（a）。

2. 当零件回转体上均匀分布的肋、轮辐、孔等结构不处于剖切平面上时,可将这些结构旋转到剖切平面上画出。如图 12-4（b）。

3. 圆柱形法兰和类似零件上均匀分布的孔可按图 12-4（c）所示的方法表示。

4. 在不致引起误解时,对于对称机件的视图可只画一半或四分之一,并在对称中心的两端画出两条与其垂直的平行细实线。如图 12-4（d）所示。

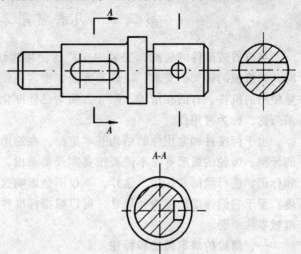

图 12-3 剖视、剖面

5. 当零件上带有小槽或小孔时,它们与零件表面的交线允许采用简化画图,如图 12-4（e）中简化了圆柱形轴与圆锥（台）形孔的交线。当剖切平面通过回转面形成的孔或凹坑的轴线时,这些结构按剖视绘制,如图 12-4（e）和图 12-3 所示。

6. 当图形不能充分表达平面时,可用平面符号（相交的两细实线）表示,如图 12-4（f）。

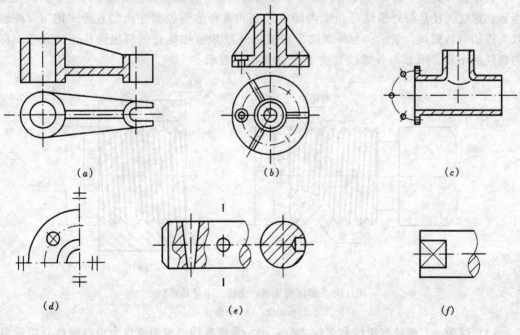

图 12-4 规定画法

第二节　几种常用零件及其画法

在机器或部件的装配、安装中，广泛使用螺纹紧固件或其他连接件紧固和连接。同时，在机械的传动、支承、减震等方面，也广泛使用齿轮、轴承、弹簧等机件。这些被大量使用的机件，有的在结构、尺寸方面均已标准化，称为标准件。有的部分重要参数，已系列化，称为常用件。

由于标准件和常用件的结构基本定型，在绘图时，对这些零件的形状和结构，如螺纹的牙型、齿轮的齿廓等，不需要按真实投影画出，而只要根据国家标准规定的画法、代号和标记，进行绘图和标注。这样，不仅不会影响这些机件的制造，而且可以加快绘图的速度。至于它们详细的结构和尺寸，可以根据标准件的代号和标记，查阅相应的国家标准或机械零件手册。

一、螺纹的规定画法和标注

1. 螺纹的形成

螺纹是在圆柱或圆锥表面上沿着螺旋线所形成的、具有相同轴向剖面的连续凸起和沟槽。在圆柱（或圆锥）外表面上所形成的螺纹叫外螺纹，如：螺钉、螺栓等的螺纹；在圆柱（或圆锥）内表面上所形成的螺纹叫内螺纹，如：螺母、螺孔等的螺纹。

2. 螺纹的要素

内、外螺纹连接时，螺纹的下列要素必须一致：

（1）牙型　在通过螺纹轴线的剖面上，螺纹的轮廓形状，称为螺纹牙型。它有三角形、梯形、锯齿形和方形等。不同的螺纹牙型，有不同的用途。

（2）公称直径　公称直径是代表螺纹尺寸的直径，指螺纹大径的基本尺寸。如图 12-5 所示，螺纹大径是与外螺纹牙顶或内螺纹牙底相重合的假想圆柱面的直径，用 d（外螺纹）或 D（内螺纹）表示；与外螺纹牙底或内螺纹牙顶相重合的假想圆柱面的直径，称为螺纹的小径，用 d_1（外螺纹）或 D_1（内螺纹）表示。

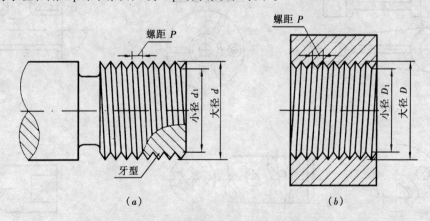

图 12-5　螺纹的牙型、大径、小径和螺距
(a) 外螺纹；(b) 内螺纹

（3）线数 n　螺纹有单线和多线之分：沿一条螺旋线形成的螺纹为单线螺纹；沿轴向等距分布的两条或两条以上的螺旋线所形成的螺纹为多线螺纹。

(4) 螺距 P 和导程 S　螺纹相邻两牙在中径线（母线通过牙型上沟槽和凸起宽度相等的地方的假想圆柱的直径，称为中径，中径圆柱的母线称为中径线）上对应两点间的轴向距离，称为螺距。同一条螺旋线上的相邻两牙在中径线上对应两点间的轴向距离，称为导程。单线螺纹的导程等于螺距，即 $S = P$，多线螺纹的导程等于线数乘螺距，即 $S = nP$。

(5) 旋向　螺纹分右旋和左旋两种。顺时针旋转时旋入的螺纹，称为右旋螺纹；逆时针旋转时旋入的螺纹，称为左旋螺纹。工程上常用右旋螺纹。

改变上述五项要素中的任何一项，就会得到不同规格和不同尺寸的螺纹。为了便于设计计算和加工制造，国家标准对有些螺纹（如普通螺纹、梯形螺纹等）的牙型、直径和螺距，都作了规定。凡是这三项都符合标准的，称为标准螺纹。而牙型符合标准，直径或螺距不符合标准的，称为特殊螺纹，标注时，应在牙型符号前加注"特"字。对于牙型不符合标准的，如方牙螺纹，称为非标准螺纹。

3. 内、外螺纹的规定画法

(1) 外螺纹　螺纹牙顶所在的轮廓线（即大径）画成粗实线；螺纹牙底所在的轮廓线（即小径）画成细实线，螺杆的倒角或倒圆部分应用粗实线画出。小径通常画成大径的 0.85 倍。螺纹终止线用粗实线画出。

在垂直于螺纹的投影面上的视图中，表示牙底的细实线圆只要画 3/4 圆，此时倒角省略不画，如图 12-6 所示。

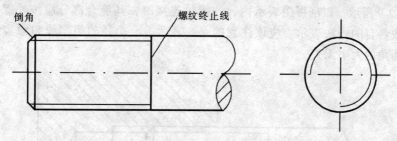

图 12-6　外螺纹的规定画法

(2) 内螺纹　在剖视图中，螺纹牙顶所在的轮廓线（即小径）画成粗实线，如图 12-7 的主视图所示。在不可见的螺纹中，所有的图线均按虚线绘制，如图 12-8 的主视图所示。

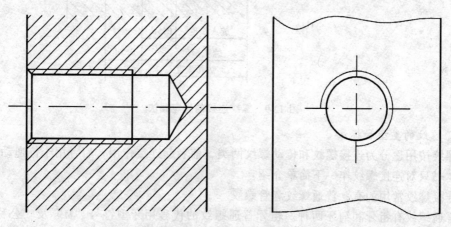

图 12-7　内螺纹的规定画法

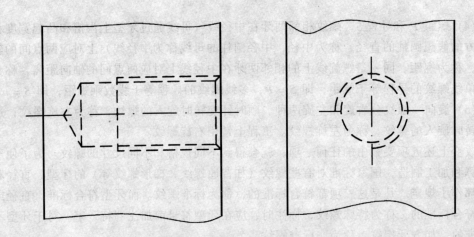

图 12-8 不可见的内螺纹画法

在垂直于螺纹轴线的投影面上的视图中，表示牙底的细实线或虚线圆，也画 3/4 圆，倒角也省略不画。如图 12-7 和图 12-8 所示。

对于不穿通的螺孔，其螺纹终止线要用粗实线绘制，并应分别画出螺孔深度和钻孔深度，钻孔底的锥顶角画成 120°。

4. 螺纹连接的规定画法

如图 12-9 所示，以剖视图表示内、外螺纹连接时，其旋合部分应按外螺纹绘制，其余部分仍按各自的画法表示。应该注意的是：表示大、小径的粗实线和细实线应分别对齐，而与倒角的大小无关。

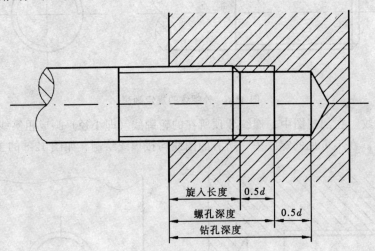

图 12-9 螺纹连接的规定画法

5. 螺纹的类型和标注

螺纹按用途分为连接螺纹和传动螺纹两类，前者起连接作用，后者用于传递动力和运动。本书只对连接螺纹作一下简单介绍。

连接螺纹常用的有：普通螺纹和管螺纹。

普通螺纹有粗牙和细牙两种。粗牙普通螺纹的代号用牙型符号"M"及"公称直径"表示；细牙普通螺纹的代号用牙型代号"M"及"公称直径×螺距"表示。当螺纹为左旋时，在螺纹代号之后加"左"字。

管螺纹是指各种管道（如水管、油管、煤气管等）连接上的螺纹。我国目前对管螺纹仍沿用英寸制单位。常用的为圆柱管螺纹，以"G"为代号。

管螺纹的标注方式比较特殊。一般螺纹注在大径上的尺寸是指螺纹的公称直径（即大径），而管螺纹的公称直径则指的是通孔直径。但表示管子公称直径的尺寸规定要用引出线标注在螺纹的大径上。如表 12-1 所示。

常用连接螺纹的类型及其标注　　　　　　表 12-1

螺纹类型	牙型	图例	说明
粗牙普通螺纹	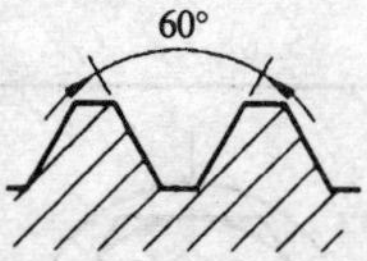 60°	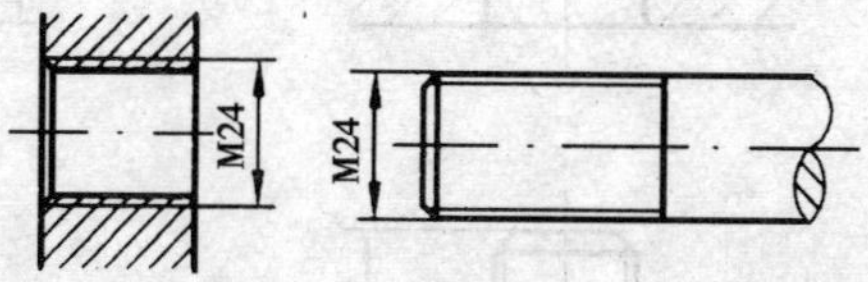 M24	M24 表示大径为 24mm 的粗牙普通螺纹
细牙普通螺纹		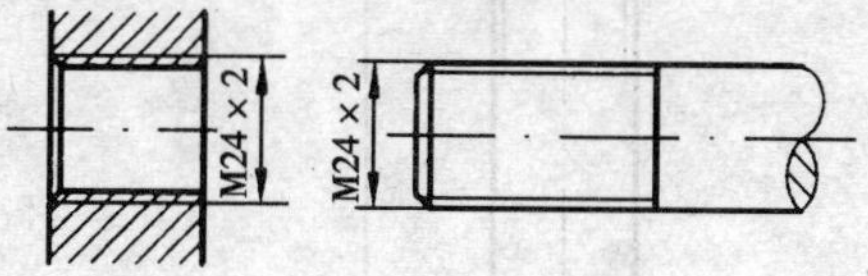 M24×2	M24×2 表示大径为 24mm，螺距为 2mm 的细牙普通螺纹
管螺纹	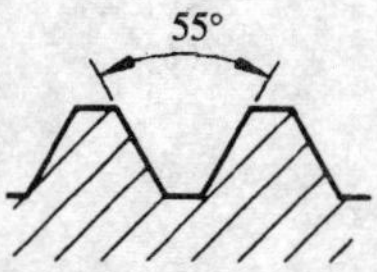 55°	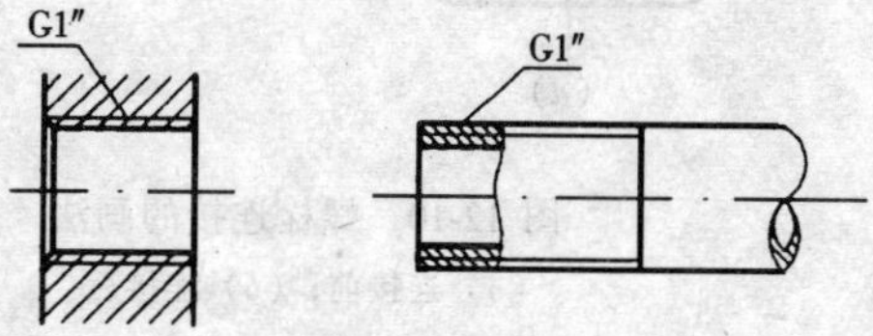 G1″	G1″表示管子通孔直径为 1 英寸，但尺寸应注在螺纹大径上，用引出线标注

二、螺栓连接

螺栓用来连接不太厚的、并能钻成通孔的零件。图 12-10（a）画出了连接前的情况，被连接的两块板上钻有直径比螺栓大径略大的孔（孔径约为 1.1d），连接时，只将螺栓伸进这两个孔中，一般以螺栓的头部抵住被连接板的下端面，然后，在螺栓上部套上垫圈，以增加支撑面积和防止损伤零件的表面，最后，用螺母拧紧。图 12-10（b）表示用螺栓连接两块板的装配画法。从图 12-10（b）可以看出，螺栓连接的画法应遵守下述规定：

1. 两零件接触表面画一条线，不接触表面画两条线。
2. 两零件连接时，不同零件的剖面线方向应相反，或者方向一致、间隔不等。
3. 对于紧固件和实心零件（如螺栓、螺母、垫圈、键、销及轴等），若剖切平面通过它们的基本轴线时，这些零件都按不剖绘制，仍画外形；需要时，可采用局部剖视。
4. 在剖视图中，当其边界不画波浪线时，应将剖面线绘制整齐。

在绘制螺栓、螺母和垫圈时，通常按近似画法画出，如图 12-11 所示。

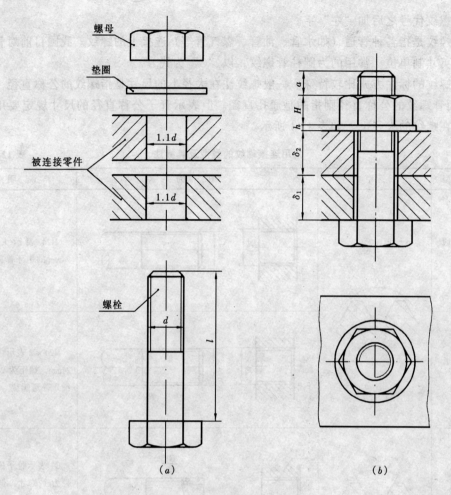

图 12-10 螺栓连接的画法
(a) 连接前；(b) 连接后

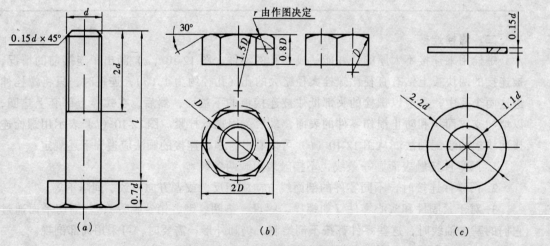

图 12-11 单个紧固件的近似画法
(a) 螺栓；(b) 螺母；(c) 垫圈

如两零件的厚度 δ_1、δ_2 以及螺栓的大径 d 已知时，则根据 d 值可计算出各有关部分的尺寸，而按尺寸即能近似画出螺栓连接图。其中 $h=0.15d$，$H=0.8d$，$a=0.3d$。则螺栓的长度 $l=\delta_1+\delta_2+h+H+a$，上式计算得出数值后，再从相应的螺栓标准所规定的长度系列中，选取合适的 l 值，如表 12-2 所示。此计算仅为粗略计算，若想得到精确数值还需查阅相关手册。

螺栓 l 系列值   表 12-2

螺纹规格 l	M3	M4	M5	M6	M8	M10	M12	M16	M20	M24	M30	M36	M42	M48	M56	M64
l（商品规格范围及通用规格）	20~30	25~40	25~50	30~60	35~80	40~100	45~120	55~160	65~200	80~240	90~300	110~360	130~400	140~400	160~400	200~400
l 系列	20, 25, 30, 35, 40, 45, 50,（55), 60,（65), 70, 80, 90, 100, 110, 120, 130, 140, 150, 160, 180, 200, 220, 240, 260, 280, 300, 320, 340, 360, 380, 400															

三、键连接

轴与装在轴上的传动零件（如齿轮、皮带轮等）之间通常使用键连接。键属于标准零件，最常用的为普通平键。

键的连接方式是在轴上和轮毂上各开一键槽，键的一部分嵌在轴槽内，另一部分嵌入轮毂槽内。为了加工和安装上的方便，一般将轮毂槽做成贯通的。平键主要依靠两侧面受力，所以键和键槽的两侧面相互接触，图中应画成一条线。而键的高度与键槽总高的公称尺寸是不相等的。因此键的顶面与键槽顶面之间存有间隙，图中应画成两条线。平键的连接画法如图 12-12 所示。图中为了显示出键和轴上的键槽，在主视图上将轴画成局部剖视，键按不剖绘制。但在左视图中，当键被剖切到时，则应按实际情况作剖到处理。

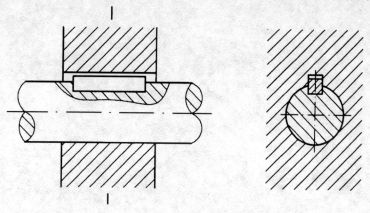

图 12-12 平键的连接画法